丢脸，是成功的钥匙

29个让你享受成功的秘决

自序

PREFACE

「司机先生，前面便利商店的巷子进去，再左转直走！」

这是我们当运将[①]的，最常听到的一句话。

但握着方向盘的我，在历经高铁通车、金融大海啸的路上，总自问：**难道只能跟着景气和外在不利的环境，向左向右？我不能驶出属于自己的人生吗？**

时光飞逝，当初因中年失业，投入出租车运将的生涯，转眼间便来到了第十个年头，每一次跌倒每一位贵人指点，都给我无限启发，教导我如何迈向成功之路。

虽然，现在的我很庆幸有机会站上讲台，成为一位讲师，但恩师李港生仍常泼我的冷水，让我总这么提醒着自己：「当站在人生的高峰，请问对于『跌倒』，你准备好了吗？」

「关于失败的种子—自傲、冷漠、自私，你可曾察觉？并且认认真真地正视到自己内心的垃圾与包袱？」

那包袱正是会让我们跌倒的诱因，唯有放下学习柔软，躺在地上看蓝天，360度的美景呈现在眼前，才知道天有多大。

2010年9月8日，在恩师林威雄的引荐下，终于站在亚太企业家的联谊会场，面对各行各业的精英演讲，分享我从一名水电工，一位运将，到有机会去各地演讲，并受邀至北京中央人民广播电台接受专访，一路走来的心路历程，我说：「**承诺，是人生旅途的一张检验单，勇敢地跨出第一步，就会有走不完**

①运将：司机。

的路，这样才会从优秀到卓越，从卓越再到精彩。」

「运将」这个本业到现在我都不敢放弃，因为恩师说：『初衷』是根，从根而起才会有干、有枝、有叶。」每一次送他去外地上课回家时，下了车不管风雨多大，他都会站在原地目送我的车子离开，才进屋，多谦卑啊！这样的风范，令我深深感动，并受启发。

在两位恩师的支持鼓励之下，我给自己一年的时间，到麦当劳打工上夜班，当做是给自己的修练，那时我脱掉面具，放下自尊勇敢的接收众人异样及歧视的眼光，终于体悟出一句箴言：**「丢脸，是成功的钥匙」**。

这也是我再度出书分享的动力。

从金融海啸的惊恐中，你是否已经走出来?

未来的黄金十年，你的心中罗盘是否已准备好了?

梦想的预算书是否也写好了?

希望你我都已经准备好了，因为一个成功的人，他的下一步永远比别人早一步!

请每天用一分感动的服务，去累积、去创造一本厚厚的感动幸福存折，当这本存折越厚，你便累积更多迈向卓越的能量。加油吧，我亲爱的读者朋友们，祝你们快乐成功!

2011年01月30日

目录

CONTENTS

Part 1
挫折，像是一座宝库

目录

CONTENTS

Part 2
逆风，才能做顺风的领导者

目录

CONTENTS

Part 3
感动，是服务的仙丹

Part 4 微笑，是最好的香水——鸡婆运将，北京开讲

目录 CONTENTS

Part 1

挫折，像是一座宝库

01 跳海的那个下午

只要站起来的比跌倒多一次，就可以了，站起来时记得抓起一把沙，让那把沙复制你成功的DNA。

「顺风船会带你驶向平安港，逆风船会带你驶向金银岛。」

「你乱讲！一艘船如果就要沉了，哪还会有什么风？」

在某个冷冷冬日的晚上，一如往常，我在回基隆的车上和几个共乘的客人聊天，却被其中一位小姐这样吐槽。

她说话的口气很冲，气氛当场变得很僵，我愣了一下，猜想她可能有什么困扰，于是觉得应该要回应些什么，但那位小姐不愿多谈，不管大家怎么聊，她嘴里只是反反复复的念着：「船如果要沉，管他顺风逆风，都一样没风……。」

车子很快就到了基隆车站前的星巴克，其它两位乘客下车后，她也下车了。

她伸手把车费交给我，我回头一看，才注意到大约四、五十岁的她，身上的红色外套有些脏脏的。

基隆的雨夜很湿冷，不知她这样穿得够吗？

心中正闪过这样一个念头，忽然听到眼前的小姐吐出一句不是吐槽的话。

「给我一张名片，好吗？」

噢，好啊好啊，我立刻把名片递给她。

一封危险的短信

我的人生已经走到最低，实在不知道还要怎么走下去……。

隔天早上，我收到一封短信如此写着，原来是昨晚共乘的那位吐槽小姐发来的，她还写到：「一辈子都在为这个家努力打拼，可是到最后却什么都没有了、没有了……。」

难道她想要放弃她的人生？

这封短信让我心头一阵冰冷，一个人如果不是很绝望的话，不会这样写吧！因为开始担心那位小姐的处境，于是把短信内容传给我的两个老师，请他们帮忙看看，可是他们都觉得她的状况颇严重，担心无法协助，只告诉我：「周先生，这件事你若要处理的话，要小心！」

谁可以帮？谁不能帮？

我觉得帮助人不应该这样去区分，当下心底很清楚有个声音：**我想帮助很多人，虽然她的状况很严重，但我仍然想帮助她！**

如果真的能够帮助到她，未来也可以在演讲中把这个心得分享给大家，不也是让更多有类似情形的人得到帮助？

「你要不要出来聊一聊？请给我一个机会。」我打电话给她说。

「为什么？」

她的声音很冷很淡，淡得没有元气、没有生命的色彩，这空空洞洞的声音让我紧张起来。

「吴小姐，你就把我当作一个垃圾桶，把你心里的垃圾全都倒出来吧！」

打过招呼聊一下，我知道这个空洞声音的女主人姓吴，其他的一概不知，只知道自己无论如何，很想帮她！那天傍晚虽然要去新竹见客户，但提前预留两个半小时出来，当她的「垃圾桶」应该不成问题。

电话那头传来叹息声。

基隆码头的跳海惊魂

当天下午两点半，她勉强答应出来「倒垃圾」。

我们约在昨天的星巴客店门口碰面，人群中并不难

认出她，她显得很不快乐，我注意到她的衣服和昨天一模一样。

「饿不饿？想吃点东西吗?别客气，我请你。」我帮她点了一杯拿铁和糕点，请她先上二楼座位去等。

五分钟过后，当我端着饮料点心走到二楼，惊讶地发现……她不见了！？

非假日的下午，咖啡店的二楼零星坐着几个客人，左右看过去，便能看见所有客人，但就是不见那穿红外套的吴小姐。

海风隔着落地窗，在外面吹着，不知呼呼的在喊些什么。

这家咖啡店紧临海港码头，推开门其实就可以跳下去!

我脑中一片空白，一身冷汗。

不会吧，难道她真的想不开去跳海?

店里没多少客人，但是我还是一一看清楚所有客人的脸孔，没有。

我深呼吸，镇定心情，走到厕所外喊她的名字，没有。

终于一我在门外的栏杆旁看到一个垂头丧气的身影。

我赶快跑过去，推开门，看见她手中紧抓着一叠面纸，站在港口，一张脸如蜡像般苍白，空洞的双眼好像快要失去生命的光泽。

「吴小姐，你要往正面方向想，不要再想负面的事了！」我先拿咖啡糕点请她吃，试图改变一下心情。

接着，她缓缓的告诉我她的故事。

五年前，吴小姐是个外商公司经理，因为工作表现优秀，被公司派驻到意大利的托斯卡尼。

但当那头事业的朝阳正要升起，这头的家庭却下起了冰风暴——先生外遇，接着二人离婚，一个读高中，一个念大学的儿子，都表示要跟着先生，离她而去。

多年来那个辛苦建造的幸福港湾，就在这场风暴中，瞬间瓦解。

接着，她向公司申请回台工作，交了男朋友，但不久以分手收场，还被骗光积蓄，人财两失。

心灰意冷之际，又在台中荣总医院做检查，发现生了大病，需要开刀，但却付不起医药费，最后只能请住台南的妹妹帮忙，才让她顺利出院。

「那你怎么会来基隆？」我问。

「因为有亲戚在基隆开安亲班①，所以先利用寒假期间，去那里教小朋友赚些钱。」英文程度很好的吴小姐，告诉我说。

「这样很好啊，表示你并没有放弃自己。」我鼓励她。

她说自己寄了很多简历，但一直找不到全职工作，

①安亲班：父母因工作忙将孩子托付到专门督促学习、辅导作业的场所。

觉得很没希望。

我问她投了几封。

「十几封。」她垂头丧气。

「如果都没有回音，那你就再投啊，十几封没用，就投一百封，倍数的尝试，总是有倍数的机会。」

「吴小姐，我送你一句话，像我是个运将，常是由后座的客人告诉我现在该左转，还是右转，但是你的人生难道需要别人告诉你左右转吗？**难道你不能走你自己的路吗？**」面对心灰意冷、认定自己人生就快沉没的她，我高声强调：「**没关系，就当是上天跟你开一个玩笑，那玩笑也可能是一个机会、一个大挑战，也许当你通过那玩笑的考验，人生会从此变得不一样！**」

我鼓励她，要站起来，千万不要害怕跌倒！

只要站起来的比跌倒多一次，就可以了，站起来时记得抓起一把沙，让那把沙复制你成功的DNA。

「如果你因为对前世今生怀抱怨恨，对某些事有些困惑，想要了解，我在台中认识一位老师，或许能为你解惑，我也可以带你去找他。

可是，如果一直放不下那些事情，只是怨恨着，那样对你也没有帮助……」

我们谈了将近三个小时，基隆港的海风一直吹，我其实也有些累，但是看吴小姐哭得厉害，手中本来紧握的一大叠面纸全湿了，想必她应彻底抒发心情，于是稍稍放心，应该暂时不会有不好的念头了吧?

「你们缺英文老师吗? 我有个朋友英文很好哦！」

告别之后，我利用工作空档，帮吴小姐问了几家基隆市区的何嘉仁和长颈鹿美语补习班，然后推荐她过去面谈，但是很可惜，得到的回复都是目前没有缺人。

「没关系，再去试，要保持这种正面的心情！」我在电话中鼓励她，然后约好下周可以搭我的便车，去台中拜访那位通晓前世今生的老师。

「这趟多少钱?」她问，语气中有些紧张。

这趟不收费。我请她不用担心车费的事。

「谢谢你给我这个机会，分享你的心情，希望你可以好好加油，重新管理自己的人生，给自己的未来再一个机会！」

给吴小姐打气的同时，我脑中就浮现—

处境，对的环境，心境。

当我们想要帮一个人的时候……

如何真诚的去理解，对方的处境?

如何找到一个可以彼此交流对话的「对的环境」?

如何分享「善知识」，帮他转化心境，从阴霾走向阳光?

找回成功DNA的小旅行

到了约好的那天，因为临时吴小姐有事稍稍担搁，我们驱车抵达台中时已傍晚五点，可惜错过师父的会面时间，我在佛堂留言后，先带她到丰原，请她吃一碗在妈祖庙旁有名的排骨酥面，再帮她打包一碗虾仁羹。

对了，在这个不一样的地方，也许正是「对的环境」……。

我带她到百货公司楼下的星巴克。

「吴小姐，今天我不想听你再讲一堆负面的事情，我想听你五年前在意大利托斯卡尼，那段精彩的故事！」

于是，她开始告诉我，当时的她是如何当上外商经理，带领一个团队，虽然有时圣诞夜因工作无法回台休假，有许多辛苦的事……

但她回忆那里的的雪景，好美，好难忘！

她和驻外代表们，大家一边聚餐吃火鸡，一边新年倒数，很开心！

「吴小姐，请你回头一下，看一下那面镜子。」我忽然打断她的话。

她愣了一下，回头，在镜子里看到……

一张她自己笑脸。

她好像也被自己的笑脸看呆了，愣了一下。

请看看自己的笑脸，我看到了你的力量，那个笑容就是你未来的力量。

请要永远记住，那一段得意的快乐时光，这种快乐的心情就是你未来成功的DNA。

请试着回想，你不也是被公司千挑万选，很不容易才会被派驻意大利？那表示你的工作能力很好。

「吴小姐，可以看看你在意大利的照片吗？」我问她。

我们向旁边的一个客人借了计算机，可惜无法输入她的电子信箱，看放在网络上的照片，于是她从包里拿出欧洲国际驾照给我看，上面有她当时拍的大头照。

「你看看，当时的你是这么漂亮、快乐，不像现在披头散发、乌烟瘴气，难道你希望自己的未来就是继续变成这样？」

然后，我请她看着镜中现在的自己，和驾照上照片中过去的自己，做一个比较。

她眼眶红了。

我安慰她别再哭，上次已经哭得够多了，从现在起要找回过去的快乐。请记住这种努力的过程、这种快乐的感觉，不要再想负面的事情了！

「你头上有片乌云升起来，你明明看见前面栅栏外就是美好的风景，却迟迟跨不出去，但今年过完年后，你人生就会开朗许多！」

当我载吴小姐回到台中师父那里，师父如此开示，鼓励她勇敢面对未来。然后从丰原回到基隆，都快十一点了，吴小姐在返程的车上，不断的向我道谢。我也给她台南一个朋友的电话，让她可以多一个分享的对象。

后来有一阵子，没有吴小姐的消息，但我想已经从处境、对的环境、心境，跟她聊了许多，应该有助于她找到一条光明的道路吧！

那年过完年后，隔了几个月，有一天我收到她的短信，既震撼又开心，她如此写道：

「谢谢周大哥，在我人生最低潮的时候给我关爱和关照，我现在人在大陆东莞担任外商经理，等我回到台湾一定要请你喝咖啡，你到大陆一定要来找我哦！」

前不久，我到北京演讲时打电话给她，电话接起，光是一句：「周大哥！」，便是完全不同的声音，充满精神！

我们自己或身旁亲友，都有可能碰到这样的瓶颈，千万不能逃避，唯有突破，才能真正离开这个困境。展翅高飞吧！请相信，我们每个人都有这样的能力。

周小语

在乌云罩顶的沮丧时刻，请眺望远方，回忆曾经让你心头感到温热、雀跃的阳光。

02 不快乐，更要大声笑

做好事，有时会让别人一辈子都会回报给你，即使没有回报，也就算了。

「你接我的车队两年，起码也跑了五十趟，你怎么都没有丢案子[①]给我？」

我有次跟小赵这样开玩笑说，他只是尴尬干笑几声。

小赵一直是我倚重的大将。

回想我刚出来开出租车时，曾经出现经济困难，当时是因为向他借钱，才有办法周转过来，这些共患难的过往，让我们成为很好的朋友。

这些年，因为我接受很多演讲邀约，于是就把很多客人的案子，转给小赵，而且我从来不抽成，因为我会想运将本来赚得也不多，自己有演讲的收入，何必呢？我们的气度大一些，事情不也会更好？

可是，并不是人人都会这么想。

有一回要派案子给他，结果他说当天有别的客人，

①案子：一项任务或者工作。

要去台南，于是我只好对那位客户说：「不好意思，我们司机今天忙不过来，下回再为您服务，好吗？」

结果，竟然被我看到，他载着那位客人从我家楼下经过，要前往滨海公路。

你选择怨叹，还是快乐？

被背叛，真的很痛！

那天，从窗口看到那台熟悉的车子疾驶而去，我胸口就如同被插了一把刀。

但我转念心想，你要？这些客人就通通都给你吧！

于是我仍然把客人，一个又一个介绍给他。

但他却也忙着继续编一个又一个的谎言，让我内心非常感叹。

不过我都没有当面戳破，因为他起码服务做得很好，会善待我介绍的客人。

另外，还有一个重点，是因为在经营接送企管顾问这一块市场，在市场价格战之下，渐渐利润空间也有限，所以就干脆全部都放给小赵他们去做。

而我呢？可以有更多的时间，透过出书、演讲、企业教育训练，跟更多人分享我的生命经验和服务心得，然后有时有好客户需要搭车，就去帮忙服务一下、不也是很好吗？既然有这么多机会，去做这么多事，为何还要跟他们去争这个？

小赵曾跟我提过，他想接棒，我问他：「你有那个能力吗？」

要管理好一个车队，气度一定要非常大，否则根本不可能让跟你的人，心服口服，心甘情愿地一起打拼。

每次被别人背叛，我都选择原谅、给别人机会。

当别人有困难，我总是选择在能力所及之下无条件的伸出援手。

就像上次那个想在基隆跳海的小姐，历经人生低潮之后，因为我的鼓励和关怀，不但从生死关头救回一条命，还启发了智慧，现在她重返职场，在大陆做到高级经理，接到她的电话问候，我好开心！

即使以前在麦当劳上晚班的时候，看见有个高中女生跌倒受伤，拿钱让她赶快去看医生，但她后来没有还，或者我们错过再见面的机会，我也会想只要人平安就好！

做好事，有时会让别人一辈子都会回报给你，即使没有回报，也就算了。

至少你做了一件对别人很好的事，你很快乐！

至少磁场相近的人就会靠近你，成为一辈子都受用的朋友！

也因为有气度，总是不计较，选择原谅，人才会**开朗！**

谁没有挫折？谁不会失落？谁不会因为被亲近的人

背叛，而感到心痛？

但开朗的人，会对压力和烦恼产生免疫力，因为快乐和热忱，可以让他每天早上在刷牙洗脸的时候，用毛巾擦掉昨天的不如意，然后笑着迎接全新一天的开始！

如果你早上起来，还陷在昨日的怨恨、自怜、沮丧的话，那就完蛋了，因为你势必无法进步！

出门，去找阳光吧！

但我们都是人，只要是人就会生气难过！

听说爱斯基摩人每每面临生气、压力，气到刀子要拿起来的时候，就会走出房子，到户外去走路，选一条路走直线，一直走一直走。

走到气都没有了，不再生气了。

走到抬头一看，哇，原来不知不觉自己已经走了一公里。

然后才觉得：我的生气竟然有那么长！

我发现，成为棒球打击王，和成为能缩短生气时间的智者很像，都是要靠着训练，再训练！

球场上，好的打击手是，对方即使投出很接近好球的坏球，他也会挥棒一因为训练。

好球挥棒，坏球不挥棒，不好不坏球时，等好的机会一来就会打出全垒打。但好的打击手也永远记得，还有下一颗球要打，还要储备下一场的能量！

如果现在就对一颗烂球发飙、气到不行，你的球赛就game over了，真的要出局了！所以，要把自己修练到能够迅速转换心情。

我永远记得那天赶飞机，心情很慌张。

但那天我实在没时间烦恼，也没时间去骂开车来接我的部属小庄，竟然迟到害我快赶不上班机。

因为当天下午，我就要到北京一言堂演讲，那是一个很盛大的场合，一个得来不易的机会。千钧一发，终于赶在班机起飞，抵达中正机场。

上飞机前，出版社驻北京的主管玉鸣还提醒我：「老师，待会儿可能会下大雪，你就在机上先穿好西装，然后一下飞机就直接冲去会场。」

真是非常紧张，当然是要赶快调整心情。

因此在北京下了飞机，我想要做一件有意义，又让自己快乐的事。

正好看到一个少两根手指的老外，东西掉在地上，我便帮他捡起来。

当他微笑向我致谢的那一刻，我心头的那一点乌云，也瞬间烟消云散。

取而代之的，是好暖、好明亮的阳光，在我的心底升起！

帮助别人，就是让自己开心的事，很好用！

当不如意的烦心事来临，你更要把快乐带给别人，也带给自己，让快乐的一二，赶走不如意的八九。

相信我，一次不熟练，两次不熟练，多做几次就顺了！

像我，以前遇到不开心的事，可能三天的心情都不好，甚至更久，但是我开始学会了，现在是顶多生气一天。

有肚量才有能量，有能量才能站上更大的舞台，发光发热！

03 越难听的话，越好用

坏话，真的很难听，但它是苦口良药，只有这样才能看见自己的缺点，马上改正。

被泼冷水的时候，你的反应是什么？

我常常觉得，如果今天我算得上是有一些成就，真的要感谢当年那位乘客林老板，当时他给我这句「运将有什么了不起，再做也是这样」，让我当头棒喝。

不过多数人听到别人意见，都会选择闭上耳朵不听。现在我有机会坐出租车时，都会好意提醒运将要多想想未来。可是他们的回答通常是：

「到时候再说，没米煮，就煮蕃薯汤。」

「等到那时就危险了。」

「不然要怎么办？」他们两手一摊。

「要好好看未来，先做规划啊。」

「唉唷，那种事……。」

运将意兴阑珊，还没有把话说完，我们的话题无疾而终。我真的很为运将们忧心一当机场捷运线全面通

车，大台北区出租车的生意将会立刻大减，我估计只剩三分之一的运将能接到长途生意，其余运将都只能陷入削价竞争的漩涡，到时候红海就成了死海，游都游不动。

看到危机就要赶快走，这个海不能游就要赶快转向，难道眼睁睁看着海浪把自己吞掉？

放远眼光，当自己的千里眼，你就会发现：「未来已经不一样了」。别人告诉你，你就要冷冷静静、仔仔细细地听，因为危机就要到了，一定要听坏话。坏话，真的很难听，但它是苦口良药，只有这样才能看见自己的缺点，马上改正。

早一步嗅到危机，快一步转型

有缘碰上其他运将，我就这样苦劝他们，多劝一个，是一个。但是这些辛苦的同行又是怎么想呢？

去年十月，我找了一个公园，带领十几个运将在那里进行特训，从头教导他们服务细节，客人拉开车门的那一刻、客人踏下车的那瞬间，每个细节都是重点。不过当他们听说台北有某家饭店新开业时，马上浮躁起来，都准备去那间饭店找排班机会。

「都已经这种时候了，你们还认为那是商机？有排班的机会就是商机？错了，那不是商机，是危机！」我无奈地提醒他们。

太过依赖饭店排班的结果，就是放弃规划未来的其他可能性，不愿意认真投入我看好的观光导览[①]。

如果日后饭店直接派租赁车，只要五、六人就可以成行出车，出租车排班有何商机？尤其当机场捷运线开通，外国人或外地人下飞机就直接搭捷运，对饭店和旅客都更省事省钱，为什么你们在这种关键的抉择时刻还要去抢这个？

他们都不敢排除系统，因为担心没有客源。

我可以很自信地说，我投入出租车这一行以来从来没有加入任何车队，都是靠自己不断思考不一样的方向，在众流行之中要去创独行，找到属于你的蓝海。

面对那些运将的举棋不定，我真的狠下心，讲出重话：

「你们今天如果没有真正下决心，不是要真正投入我的观光导览，还想要抓住那个旧的，那你们就继续在那里等吧。如果你们一年内没有等到机会，就真的完蛋了。」

要在业界当火车头，就要勇往直前，让身旁的人看见我是一直往前冲，伙伴们才会有方向感，才会明白「未来就在这里」。

越难听的话，越好用；

越疼痛的失败，越让我受用。

失败难不难过？

当然，痛到心里、骨子里的感觉，谁能受得了？

①导览：为游客做导游工作。

我现在在这个职位上反而更害怕什么时候会再跌倒，所以我会先预设一个危机，先在这里等着，做好准备。成功的人，永远都要比别人早一步，永远张大耳朵听难听的话。

周小语

良药苦口，当你听到别人跟你说不中听的话，请耐住火气，细细吸收里头难以下咽的好成份！

04 危机还没敲门，请出门先找机会

当你站在人生的高峰时，有没有想到危机？请问你准备好跌倒了吗？

对于我们运将，当下面临最大的危机，就是高铁！

以前出租车从台北载客，跑到中南部，一定要五、六千元起跳，高铁一开通之后，加上高铁还有免费市区接泊车，金钱、时间和舒适度差很多，谁会想坐出租车？通常大部份的人当然选高铁！

但，故事还没结束，危机一波接着一波，接下来更震撼的消息是：

运将现在很重要的唯一长途路线财源—从市区到机场，也即将消失！

因为从2010年十月以后，排班的司机，会由所属公司来跟机场签合约来投标，以前是个人运将时，除了一般按跳表的车资费用之外，还有50%的加乘收费空间，未来由公司签合约时，将取消这个利润空间。

而且，公司招标制度，就是以后大台北和桃园、新

竹等出租车行号[①]，都可以去参加招标机场排班。

再来，请问在机场会搭出租车的乘客，会是哪些人？

10％是大老板，因为大多数的大老板，还没下飞机，就已有私人奔驰轿车司机在停车场等待，轮不到一般运将来服务。

40％是商务人员，频繁地往返机场，出国出差，是一般租赁车行的主要客人，他们一趟是760元，但是一旦机场捷运开通，未来由台北到机场不会超过200元，捷运来回不过400元，差价这么大，以商务考察名义的话，公司会计部门一定会考虑到成本，导致这样的客户就大幅减少。

我估算过，包括个人和租赁车将会有1／3消失，因为时间和金钱都不符合成本，这对出租车的生意影响非常大！

思考危机，创造生机！

对我而言，高铁通车是运将生涯的第一个事业危机，未来机场捷运开通，则是接下来更大的危机。

我接受商业周刊专访，受到大众注意的第二年，高铁通车了，未来机场捷运开通，也不远了！

所以我常自问：当你站在人生高峰站时，有没有想

①行号：即是在台湾地区注册，并向各级政府登记在案的营利事业机构。

到危机？请问你准备好跌倒了吗？

当你在人生低潮时，下一个高峰已经出现在你面前，你是不是已经准备好？

眼看做出租车这一行，马上就要面临失业问题了，于是我很早就在思考「观光导览」这种个人套装行程，例如大陆游客来台也开放自由行，很多人包括便利商店都想抢这块商机，而我到底可以怎么做？

当工作的危机来临，我们应该反过来，从服务的本质来看感动的力量，你为自己创造多少价值？你的竞争力提升多少？

竞争力奠定于你的用心和创新，以及对客人的细腻程度上面。

去年我应交通观光部门的邀请，在龙潭渴望园区，为全台许多饭店经理级以上主管演讲，所以演讲一趟下来，也有全台饭店及民宿①的联络名单。

也因为此行，认识一位叶老板，他从三年前便把自家餐厅转型，一餐一桌两千元，八菜一汤，专门服务大陆游客。

这个价码在台湾没有人要做，因为太便宜，大家都是一定要三千起跳，才愿意开桌，叶老板却逆向操作，当时每天到台北故宫门口发宣传单，然后再加上透过旅行社牵线，很快就做出口碑。

餐厅在仁爱路四段，每天固定开桌，中午和晚上各

①民宿：家庭旅馆。

四十桌，半天营业额就各八万块，生意好到每天都是高朋满座。但叶老板也马上面临到另外一个问题：生意该如何拓展？他想，到底要自己准备多少钱去全省开分店？或是找到适合的餐厅一起合作？

创新服务，结盟合作

我们在那场演讲认识之后，叶老板理解到我对服务的想法，很信赖我对服务这种细腻的观察和要求，所以我们便开始合作，他委托我们车队，在全省物色好吃、价格实在，重点是「服务理念一致」的餐厅，一同结盟合作。

首先，我们在新竹及台中找到三家这样的餐厅，每回游览车一到，我们出租车司机不但会帮忙发送宣传单，大陆旅行团用餐时，还会去该餐厅察看店家服务状况，并且向我汇报，务必让饮食和服务都维持物美价廉最高水平，然后我会依照业绩，给帮忙的运将助理抽成，他拿多些，我拿少些。

很多人面临这波大陆游客自由行的新浪潮，可能嫌利润低，所以不愿做，但我们认为那就像是「蚂蚁雄兵」一每个客人单价不高，个别利润或许有限，可是数量庞大，你看光北京市就有一千八百万人，一个月只要做一个市的生意就做不完，因此，服务口碑最重要，因为他们回到当地就会迅速把名声传开。

最近很多饭店或餐厅，也开始注意到大陆自由行这一块市场，因为若光做台湾省内游客生意，只有五、六、日是客满，那周一到周四怎么办？所有成本和耗材还是必须付出啊！

态度决定高度，有肚量当能成就大事

圆山饭店也意识到这商机，如今也推出二人房一晚2800元，方案一出，天天客满，对大陆游客很具吸引力。

在此之前，我曾找很多饭店谈过，当时大家不愿意加入这个价格，现在终于意识到危机，才愿意转为商机，一起合作，也因为上了我的课，理解我对服务细节的重视，就信赖我，希望由我来帮忙筹划。

虽然我只是一个平凡的运将，但是也在思考自己可以怎么做，因为认识叶老板，也由于有跟饭店民宿业者演讲的机会，所以才可以借此传达这个创新服务的想法。

态度才是决定我们格局的高度！当你的高度飞跃得比危机还快时，危机不也可能是很好的转机？

但格局的高度要怎么来？

一个愿意付出的人，有肚量，才能把事情做大。

像我的助理住在新竹，在大陆游客餐饮服务合作这块，我愿意让助理拿利润的80%，我自己只拿20%，于是他就会认真的帮忙去订合作店家中餐、晚餐接待大陆游客的状况，还会主动帮忙推销，我也因为他的用心，让服务

质量不因为距离远近，而稍加减损失色。

我现在努力的方向，不再是建立车队公司，而是采加盟方式，就像一个个部落，在各地都可撒下种子，让它开花结果。

除了接送、做导游，还可以做大陆游客餐饮服务这一块，通过合作，跨界做大服务这块市场。

很幸运认识像叶老板这样，有远见又志同道合的伙伴，再结合各地的人脉，透过演讲认识各地优秀的人，就可以串连起来——每个演讲机会，对我而言，都是营销自己、分享好观念，以及交朋友的好机会。

彼此从陌生变成有共识，然后就可以自然成就一个好事。

穷则变，变则通！

若能比困境来临之前，更早一步往前跨出去，就是变通创新的生存之道！如果我不思考如何变通，出租车司机这行就只能做到这样，很快就会失业。如今我们利用服务的专业，结合餐厅，存够资本又可以做观光导览，不是很好吗？

不要闭门造车，要多看看，多想想，多交流。

危机已经在眼前，你怎能眼睁睁看着那个，还沾沾自喜说：「哇，我现在赚多少耶！」

看到危机，努力跳脱，然后才可以找到自己的愿景！

运将怎么办？我把各地的运将网络和其他观光资源组织建构起来，然后就是一股很大的能量！

否则10%的大老板，和40%的商务人员一旦去掉之后，剩下50%的机场旅客是偶尔出国，大家不赶时间几乎都直接坐高铁。

所以，还想跟自己的运气赌赌看，想靠那一趟八百块来赚钱的出租车司机，铁定输！

未来我希望将「周春明」这个个人品牌，和大陆游客自由行，以及观光导览深度台湾旅游，紧密结合在一起。

我会利用每次回到内地演讲的机会，谈到自己的服务观念和例子，听众都觉得大开眼界，醒悟到「原来服务可以这样做！」。

「下回，如果哪天到台湾玩，一定要找周老师，请您来帮我们做导游服务！」演讲结束签书时，许多听众都跑过来，这样跟我说。

没问题，一定要记得来找我哦！我会为您们介绍最美丽的台湾！

05 如果丢脸是把钥匙，赶快去找吧

走过最苦、最穷的困境，这正是淬炼人性光明面的最好时机。

「你现在这样，又怎么样？」有一天，我的恩师劈头就对我这样说。我的脸大概白了几秒钟，然后我才意识到：原来我的恩师是苦口婆心提醒我啊。

「你在工作和生活的历练，都经过这么多事，但是你管理车队没有管好，因为你不适合管理人。你现在找到一个适合的位置，把经验和观念分享给大家，但是你要更小心，因为从今以后你讲得好或坏，人家眼睛都在看。」恩师解释。

对于自己能从一个很苦的运将走到今天的成绩，我感到引以为傲，但是我会永远把恩师的这句话放在心里，因为我不能再跌跤。

每次的成功就会有一颗失败的种子落下、发芽，面对每一次的成功，我们只要开心一天就好。因为成功的过程中，必定会有失败的种子在发芽，要赶快拔掉那失败的芽，才能让自己迈向更成功的境界。2008年的金融大海啸后，让我更想提醒大家：

当你在人生高峰的时候，你准备好跌倒了吗？

当你在人生低潮的时候，第二个高峰在你面前，而你，准备好了吗？

去年初，我又回去区公所拿起扫把，当一个金牌的扫地选手。扫到后来，人家都问我要不要参加政府的黎明项目，这是专为45岁到65岁的中高年龄层设定的辅导项目，我是这项项目里面最年轻的，看到其中有些人在步入55岁人生中后期的阶段，因为一场金融大海啸，生活陷入困顿，我真的感触深刻。这里面，有很多人简直可用老弱残兵来形容，有人两眼不平衡，有人脚受伤，但是很多人却抱着自傲心态，认定政府应该要发补助给他们。

扫地时，我发现这个地球真的越来越肮脏，地上什么都没有，狗屎和烟屁股最多。那些老弱残兵扫地时很随便，一直计较不用扫这么认真啦、很累很辛苦啦，人人一张嘴抱怨都停不下来，负面情绪非常多。

「又来了！」我心想。

那些人都没有想过自己从年轻到现在过成这样，现在必须靠政府来接济，用这支扫把来扫地。但是，有一点必须佩服他们，是他们还有这勇气来就业服务中心申请，有些人连这个都不愿，就窝在家里，对人生就像放弃了一样，尤其很多高级经理人更是如此，当公司裁员

时，他们就借口一大堆，躲在家里什么都不愿意尝试。

如果你愿意抱着「初衷」、「开始」的心情，拿起这支扫把，再来好好体会，人生就会越嚼越有韵味，这是我自己最深刻的体会。参加扫地项目的那几天，就算刮风下雨我们还是披着雨衣扫那一千多个阶梯，真的很累，每天都是一身汗流浃背，但是我很感谢这些汗水，让我回想到过去在麦当劳重新归零的日子，牢牢记住这种心情和力量。

我好像每年都在做一件傻事，但是好像也因此得到一件好事，这次再拿起扫把扫地，没多久就得到去大陆演讲的机会，也让我有了写这本书的写法。

为什么成功的人永远可以一再成功？因为他害怕失败。他会常常想起过去是如何辛苦、如何失败，时时警惕自己。多数人很难做到这一点，一旦有了名和利，就认定所有事情都要以自己为基准，以自己的命令句为方向，其实这时候的管理就会出状况。

金融大海啸袭卷各行业，当时对我的出租车营运同样有很大影响，我几乎流失一半客户，这时候再面临同行的低价竞争真的很伤。在这样的汰换①之中，追求「价值」的高价客户会留下来。

丢脸，才是成功的钥匙。

走过最苦、最穷的困境，这正是淬炼人性光明面的最好时机。金融大海啸之后，很多人的心情至今还无法走

①汰换：淘汰更换。

出来，找不到调整自己的方式。

我认为年轻人越早经历逆境越好，真的就是这样，年轻人可以体会什么是「机会」，社会这么大，为什么不走进去看看？可以趁早把属于自己的那本人脉存折存得更厚、更丰富，未来属于你的人脉就会越来越多。

我到许多企业机构演讲，发现许多高级业务员，每天西装笔挺领高薪，穿好吃好玩好买好，认为自己很优秀很有成就，但是心里却是空空的，他们没想过要把这些成就加附在别人身上、帮助更多人。

我至今从没离开运将这个身份，结束演讲时还是会去找共乘，和乘客聊聊天分享想法，完全没有身份问题。昨天发生什么事，现在你在做什么事，未来你才会成就什么事。

很多事都可以放空，当我再度拿起扫把的那一刻，拿起来的不是自尊卑微，而是拿到了力量。我感觉到那股力量又回来了，我相信自己一定会再度站上高峰！

周小语

要看一个人的成就不是看他在高峰上，而是跌倒到谷底，反弹回来有多高而定。（巴顿将军）

06 信任是一种力量

每个人都有可能犯错，但是我觉得，领导者要有这个气度去原谅无心初犯的工作伙伴，去拨乱反正。

咖啡要美味，最重要的是那杯水，水要清清白白、甘醇无味。

就像我和其他运将伙伴的相处，因为能够信任，所以才会一起共事，有了好的水，搭配好的咖啡豆，再加入糖、奶精、焦糖，就成就一杯好咖啡、一件好事情。

如果大家没有共同的愿景，没有共识，如同水质混浊，未经过滤，就想立刻拿来泡一杯好咖啡，难，太难了！

人要先自重、互重，才能彼此信任，一起打拼梦想，否则一件再好的事业也很难成就。

如果你的梦想参与者，无法让你再相信，怎么办？

某个本来应该是开开心心的日子，后来却变成教人不难过也难的记忆。

那是我第一次坐飞机到大陆的日子，因为北京的出版社邀我去宣传第一本书《计较，是贫穷的开始》。

那天，因为我的同修好友、好客户陈老板也正好要出国，所以我跟车队的属下小庄约好，早上六点要准时来接我们，去机场搭十点的飞机。

但是由于陈老板搭的班机是早上八点，六点出门其实非常赶，所以我前一天还不断提醒小庄：「你五点半要来接我，不要忘了。」

「我怎么可能忘了？是老大要坐车耶！」小庄如是说。

这趟是到北京七天，差旅费可以报公帐，所以我不打算开自己的车，在机场停这么多天。当天基隆下大雨，我等到六点都还等不到小庄，心里很急，担心会影响到陈老板的搭机时间。

「这么早，真的很难在街上叫到出租车。」

我一边心里嘀咕，一边背着行李，在雨中的街上等了一阵，好不容易才招到一辆车。

「老大，对不起，闹钟没有响，我没有起来。」在车上，终于拨通小庄的手机，他话声中仍带着惺忪睡意。

「这不应该成为你的借口！」

「我现在就去接你。」

「好，我现在已在出租车上，我们待会儿在八堵矿工医院门口会合。」

会合时，小庄竟完全还是一副刚睡醒的样子，完全没有该做的服务流程，没有招呼，车上没有水和报纸。

我当时看了真的很气，但为了怕耽误待会儿接陈老板的时间，只好先忍耐快爆发的脾气，六点二十分才到陈老板家接他，陈老板的脸都绿了。

因为我从来不会迟到，向来对客人只有早到，实在很尴尬。

陈老板上车后，我很不好意思，只好转话题聊别的事情，但早上起来最口渴的时候，却没有水，真的很糟糕，到了机场，看时间还够，我赶快跑去7－11给陈老板买早餐、水、报纸、茶叶蛋。

面对小庄，我想骂人却又骂不下去，怎么骂呢？

一想到若是影响到陈老板搭机时间和心情就不好，所以一路强忍想骂人的冲动，但心里真的很难过。

自己训练出来的车队司机，为什么会这样？

只能尽量心平气和，提醒他再开快点。

坐上飞机，心情很糟，但此时我换了念头，自问：**我需要受这件事情的影响吗？难得第一次到北京，是不是应该好好的、开开心心的，来把服务理念经验和大家分享？**

到了北京，我一边打电话联络阿德（另一位司机），请他等我回台那天到机场来接我，一边心底响起一个声音：

那位「庄先生」不能再用了！

服务做成这样，而且这次还是我本人带着常客陈老板，一起来坐车，流程和态度却糟成这样。

他犯的错实在太夸张，放自己老板鸽子，害老板在大雨中淋成落汤鸡，也差一点让熟客陈老板赶不上出国的班机。但看在小庄平常做事还算认真，这次又是初犯，我还是很犹豫，到底要原谅他？还是不要用他？

整整思考两个月，还是决定再用他。因为我认为小庄的本质不坏，他应该一辈子都会因这事而自责难过，并当做是很大的警惕与教训。

后来六月时我再给他案子，要去台中、机场等地方，并且严格要求：「接到案子和去接客人前都要给我汇报！」

「周大哥，我错了！谢谢你再给我机会，以后我一定会改过振作！」小庄感恩的说，而且之后每个案子他都做得很好，不再犯错。

每个人都有可能犯错，但是我觉得，领导者要有这个气度去原谅无心初犯的工作伙伴，去拨乱反正，把下属错的行为调整成为正确的，并找出犯错的原因。

我那天送了陈老板上飞机之后，只是对小庄说：「这种事情怎么会发生在我身上？」我实在不会对人发飙，因为发飙没有用，只能忍耐。

面对别人犯的大错，当下大家都会想要对对方报复，但是这样并没有意义。仔细想想，我们前一天应该再做确认，是不是什么细节的执行力没有做好，因此双方的联络出现问题，**所以，要先自省，再想想如何教导对方，这才是有意义的解决方法。**

师父在教每个徒弟时，不可能立刻就让他成功，教做菜时，过程中徒弟一定会切到手指、受过伤，才会成功。

阿基师[①]的双手一定有切痕，世界面包大师吴宝春的手上一定有烫伤，每个人都会犯错，你会有，我也会有！

《零的极限》书上曾说过：

对不起，请你原谅我。

谢谢你，我爱你。

就是这四句话，如此简单，

带人带心，你不但要给你的伙伴愿景，当他犯错时，更要愿意原谅他、给他一个机会，这样当他在你身边时，内心一定有愧疚，一定会很感激；当你对这个员工有信心，他也会感觉得到，你们的联结就会更深。

我有个开心果运将朋友，车开得很好，但是就是害怕跟人家讲话、脑筋不是很灵活，30多岁仍没有结婚，但仍然很想帮他。

可是教了他八年，始终还是教不会。给他受训，他也害羞老实到服务的话语都讲不出口。

①阿基师：台湾地区知名厨师、烹任节目制作人。

有时候想找他来接一个客人，电话却不通，曾连续一周的早上都打给他，但是他接电话却是随心情，想接才接。派案子给他，他竟然还会放客人鸽子。

终于忍不住，打给他妈妈，她竟回答：「啊，你就知道他脑筋不好有问题，干嘛还给他案子？」

我只能感叹，这样子，机会要怎么来？若是不愿意去改变、拓展，运将就只能当车奴。虽然感叹归感叹，我还是很想帮这位小老弟，走出自己的壳[①]。

原谅和分享别人，看起来好像是吃亏，但其实自己才会得到更多。

计较有分很多种：不愿付出、不愿原谅、不愿放下心里的盘算一会一直在想，谁还欠我？我能得到多少？当你把计较放下，就会宽心，然后眼前的路就会海阔天空。

一棵树要种下去，不可能立刻变成神木，必定是中间经过许多风风雨雨，要浇花、施肥、修修剪剪，才能成为一棵大树，这道理就这么简单，大自然早就在教我们了。

今天当我们有能力带一个团队，就要想怎么去教导、原谅你的团队，建立一种彼此信任、有情有义的深厚基础。

①壳：比喻自我设限。

07 算命，不如算你胸口的那本存款簿

一个人的成功，往往不是因为他的成就有多大，有多聪明、多厉害，而是看他曾帮助过多少人。

有一本神秘存款簿，我每天一起床就放在胸口，这件事一直偷偷摸摸神神秘秘地进行。但是今天，我决定正式把这件事公布出来，在老婆、孩子，在大众面前，公布这本神秘存款簿……。

存款簿上的数字，很多很多，多到数不清，我估算应该不会少于郭台铭的财产数字。

但那不是钱，是感动。

「喂，你别耍我们了，感动可以做什么？」

你有没有很失望，会不会也想这么问。

我常常观察一些成功人士，研究他们为什么能成功，发现一个总结—

一个人的成功，往往不是因为他的成就有多大，有多聪明、多厉害，而是看他曾帮助过多少人。

一年有三百六十五天，每天只要能找出一分的感动，扎扎实实放进自己口袋，你就能累积你的快乐存款簿和幸福的人脉存折。

你不是上帝，虽然无法呼风唤雨，要路上的小人退散，自动让出一条通往名利财富的康庄大道，但是你一定可以累积、可以创造这本属于你的幸福存款簿。

只要你愿意先给别人价值，先让别人感动，你的这本存款簿就会愈来愈厚。

那天，我演讲时注意到台下的她，因为她听得眼眶发红，直觉这个人可能有什么困扰或者感触，后来因为有交换名片，我主动打给她，聊着聊着，我才知道，原来她的生命竟是这么苦。

「如果你要跟老师谈，就要谈真的，不要谈假的，一定要记住这句话，这样对你才有帮助！」在台北车站的一间人来人往的咖啡店里，我告诉她。她哭了，泪珠像珍珠项链般滚滚而下，她用颤抖的声音，告诉我她的故事。

美玲以前做生意亏了一笔钱，重回职场，来到一家健检公司上班做业务，那里上班时间很弹性，工作愉快有前景，又可顾到健康，她觉得很适合自己。

努力推业务的结果，让她每月收入平均有10～20万，很快的就让她还清债务，三年下来，事业有成。

但就在这时，她和先生的关系却变远了。

先生到美国，小孩也离开她，一个人孤苦伶仃，什

么都没有，穷得只剩下钱。

「你为什么不去追求生命的幸福？」

我跟她说，幸福有两种，生活的幸福，生命的幸福。

你有很多钱、物质很好、拥有好几栋豪宅也许就会觉得生活幸福，但是你对自己的生命感到幸福吗？

你对自己的人生有什么想法，这就和自己心中的罗盘有关：**方向、目标、价值，这些就是你对自己的定位。**

命运不是算数，是场勇敢挑战自我的奥运

我不相信命运。

有人可能会把问题归于宿命、命运、自己命不好，但是算命只是对于未知提出的一种观点，那不是正确的，千万不要去算命，越算命越不好，自己是什么样的命，你应该要去向自己的命运挑战，**如果你想要拥有一个不同的命，就要多花一些的时间去学习知识、智能，而不是去算命。**

眼前的美玲，外面是一个漂亮的躯壳，但是里面是空的。

我告诉她，黎明要来之前，天一定是特别的黑，朝霞一点点升起的时候，就是每天感动的开始。

「你的问题复杂是因为家庭关系，先生带着小孩到

美国，离婚了，已经无法挽回，但你又是这么漂亮、有成就的人，你是希望自己一直被局限在这黑暗的谷底，还是重新展翅飞翔？」

「8月15我要去花莲家扶中心演讲，希望你能来当老师的义工，那天我要演讲给小朋友听，我们去那里看看小孩子，他们纯真的笑颜，对你人生也许是一个崭新的开始。」

我鼓励她跟着我的脚步，一起去做公益，一步跟一步，一段时间后，她就会发现自己的力量，会看到这个世界因为她的力量而变得更美好，这会让她再重新站上高峰。

唯有把眼前所有一切的苦放下，重新定位自己，相信你的人生将会再起步，我们才可以跨出迎向光明的第一步。

所谓人生苦短，苦和短都是我们自己可以创造出来的，我跟美玲说，希望你今后人生每次的苦都要很短，去创造人生的乐和长。

我经常鼓励年轻的朋友，趁着我们青春正美，要给自己一个梦去追寻。

也许你喜欢骑脚踏车，就可以趁着年轻去骑车环岛，在过程中可以淬炼自己、启发自己。

或者你很想出国留学，那就努力存好人生第一桶金，然后出国看一看，可以开拓眼界视野。

或是你想投入义工，也可以去医疗团队做看护工，或许就去西藏，给自己一个机会，看看不一样人生的可能性。

年轻人就是要修练、学习这一块，当累积越多，你的人生存折更加丰厚，你会非常快乐，这是很重要的事。

找寻人生的快乐法则

我在一本书上读到，人生成功有两种—

❶生活的成功，就是所谓的功成名就、吃鲍鱼大餐，住豪宅、拥有很多财富。

❷生命的成功，就是家庭幸福、身边拥有真诚的友谊、在社会上受人尊敬。

很多人拥有生活的成功，但生命却彻底失败。

成功不仅是金钱上的富有，更是在于价值的创造，你的人生到底有没有带给别人温暖、快乐、勇气，这是一般在谈狭隘名利成功的商业书籍不会跟你说的。

现在很多人，无法承受跌倒和失败，跌一次，就开始计较，总觉得自己失去的最多，最可怜，好像全世界都亏待他，那就是计较、不舍得的心，于是让自己很不快乐！

只要愿意舍得，人生就不同了。

「老师，谢谢你，在我这么困难的时候，你让我看到人生还有这么美的东西，让我可以再站起来！」

常常在演讲分享的场合，很多人听完演讲，很感动，就冲上台来给我一个拥抱。

当你愿意施给别人，不论是时间、金钱，还是鼓励别人的话语，你就会尝到人生的甘味，而且那甘美，会带给你前进的力量。

像我，每次这样很单纯的花时间帮助别人，也从对方身上得到许多快乐的响应，对别人不同的人生，有更多的了解，开拓了眼界，从中获得更多人生智慧，然后把这些智慧，再借书和演讲，跟更多人分享。

这是个很美、很快乐的循环。

有舍才有得。

就像人家说爱过才知情之重，倒过才知钱之重一被人倒过钱，才会发现原来钱这么重要，原来不管一块还是一千块都是钱。

但钱的意义有很多种。

有人可以每天很辛苦很努力的卖菜，然后捐很多钱，做很多好事，然后即使捐到全世界都知道她，但她还是不求回报，这不是比买帝宝①更有价值？

①帝宝：台湾地区某座豪宅小区。

08 失败了？恭喜你啊

找出绊倒你的那颗石头，找到跌倒的原因，找出成功的DNA。

客户被抢走了，怎么办？你会生气、抱怨、发黑函[1]、沮丧、怀疑自己的能力……甚至要放弃这门事业？

不，失败的时候，要对自己说声：恭喜啊！

「周老师，你有没有搞错？你竟然要我恭喜失败、感谢失败？！」常有学生如此问道。

没错，我就是要你感谢自己的失败。跌倒的时候，不是在地上耍赖或是伸手要别人扶你，你要赶快站起来，而且站起来的时候一定要**抓起那把沙，找出绊倒你的那颗石头，找到跌倒的原因，找出成功的DNA。**

第二次失败，要想出不再跌倒的方法。如果第三次还会在同样的地方失败，那你就是个笨蛋了。

有一年我在台中演讲时提到了这个观点。按照惯例，我每次演讲都会带一百张名片，希望广结善缘，从学员手中拿到的名片，我都会珍惜地收好，有时候我还会主

①黑函：匿名恐吓信。

动打电话给其中几位学员，和他们聊一聊。那天，我拿出其中一张名片，打电话过去，对方是保险公司的黄襄理[①]。

「请问是黄先生吗，今天早上是不是有来听演讲？」黄先生接到电话，不可置信，不敢相信真的是我打电话来。

「我今天的演讲题目是『感动的服务』，请问有什么我应该改进的？我喜欢听坏话，不喜欢听好话，这样我才能再进步。」黄先生很开心地告诉我今天这场演讲让他有被电到的感觉，不过没多久他却变得支支吾吾，「……周老师，是这样啦，其实最近我有个苦恼，就是我有个部属赖主任，很难突破业绩瓶颈，我是负责带领他的，可是我实在不知道还能怎样鼓励他。」

原来是这回事，我明白了。

「没问题，我可以帮你去和他谈一谈。」

「真的吗？真的吗？」黄先生惊讶直呼。

「择期不如撞日，如果你们今天下午有空，不如我就过来和你们聊聊，也不用花钱去什么地方，就在你们那里聊，反正下午三、四点同事都出去跑外务，我在你们公司聊就可以，但要保持低调，不要让其他同事知道喔。」

「啊，好好好。」黄先生的声音又回复原本的雀跃。

①襄理：属管理人员。接近经理的职位，但不是经理，可理解为副经理。

碰面时，我特别询问他们对于我早上演讲提到的「跌倒再爬起来」，有什么想法？

他们频频点头，赖先生觉得对演讲感触很深，跌倒又再爬起来，跌倒又再爬起来，但都不被人家打败，又屡创造人生的高峰，他很佩服我的人生历练，很想知道那股力量究竟是如何来的？

「是环境逼我的，因为我不想输啊！这就是我的个性。」我强调。

打一场球赛，如果我一开始就认为自己会输，那根本就不用打啦，干嘛还要上场打？这场球赛又还没有到终场结束，搞不好到了最后那颗球，我就会反败为胜。

遇到困境没关系，我觉得自己还是大有机会，机会是留给准备好的、有自信的人。当你有自信的时候，别人绝对会感受到你的能量。

赖先生已经好几次考核都没有通过，压力很大，被公司严密盯紧业绩的他，觉得自己在保险这条路上，就快走不下去……。

「做保险的，绝对不可以怕丢脸。你一定要走入人群、走入客户，告诉大家你是在哪里做保险，如果你还是把自尊这个面具挂在脸上，如何走出那一步？你知不知道自己这时候为什么会跌倒？当你跌倒时，站起来，手上抓一把沙，记住这次的失败，找到成功的DNA。」

「这些事……很难……。」他的声音越来越小。

回想吧！你的快乐与成就

人一定要往前看，才能继续走下去。但是当你陷在沮丧中，请不要忘记「从年轻到现在，有没有让你引以为傲的事？」

快三十岁的他，本来一脸沮丧，当他聊起高三那年的事情，脸色越来越发亮。

「考大学时成绩非常不好，被很多人笑，我对父母说能不能再给我一年，我想拼拼看。那一年，我用尽所有努力专心准备，结果来年我考上台中最好的大学，差点就是榜首耶，当时我真想对每个瞧不起我的人说：我做到啦！」

「赖大哥，你真的很了不起！刚刚听你谈起这一段，你脸上都充满光辉。**如果你能再回到这一段，找到当时这种初衷，复制这个成功的ＤＮＡ，我希望你从明天开始，不要再想昨天发生什么事；你今天做了什么事，明天才会成就那样的事。**」

今天你从早上起来到晚上睡觉那一刻，都做了什么事？大家都常说「人生不如意事十常八九」，但是你为什么要一直想着那个「不如意的八九」，为什么不多想想「快乐如意的一二」？

快乐有这么难吗？早上起床洗脸，用毛巾擦脸的时候，就把那个「不如意的八九」用力擦掉，告诉自己今天要创造「快乐的一分」。告诉自己今天和客户谈生意

时，不管生意是否能谈成，但至少要让这段互动是很愉快的，把这个「快乐的一分」好好收进口袋，就算没谈成生意，至少你可以先建立人脉，你的快乐存折会越来越丰富。这就是「快乐的一」。

「快乐的二」，就是睁大你的眼睛，去眺望这个世界！这个世界每分每秒都在变，你要试着去想象、看见自己的未来十年，你要当自己的千里眼和自己的顺风耳，好好眺望，放大耳朵。

如果你左有千里眼，右有顺风耳，你就宛如是尊妈祖①，可以对别人有求必应，这就是你为自己创造的最大价值。当你拥有这样的能力，人脉就会自动牵引出来，别人就会来帮你抬轿，你将能成为业界翘楚。假使你都不愿意去抬人、帮助人，别人为什么要来扶你一把？

我问这个年轻人，未来三年想做什么？他一听，眼眶都红了。「周老师，谢谢你，我懂了。我未来三年想成为台中区业绩第一名。」

「那很好啊！那你告诉我，你这三年要怎么做，你这三年的高度和宽度是什么？」

当你把高度和宽度都计划出来，墙上的时钟会跟着出现，心中的罗盘将真正建立出来。大家都可以喊计划、喊目标、喊你想要多少成就多大名声，但是一谈到如何执行计划？计划的宽度是什么？大家都说不出来。

宽度，就是墙上那面时钟正在倒数计时，时间、速

①妈祖：传说中的海上女神，是历代海洋贸易者、海员、商人和渔民等共同信奉的神祇。

度、热忱都是成功与否的关键。

「请问你一天花多少时间做保险？」

「公司规定早上九点上班，我都是八点就到，每天也是最晚才离开公司。」

我点点头，理解这个年轻人真的拼了，「如果你觉得这个市场已经饱和，就要想办法再创造新的市场。」

我和他分享到黄昏市场扫地的例子，最后更提醒他这句话：「丢脸是成功的钥匙。」

我自己就是在麦当劳工作，扫地扫了整整一年，我很了解这种努力的意义。

当我下周打电话问候赖先生时，他的语气已经完全不同了：「老师，我OK啦！」那声音非常有元气，很有劲。我知道：这个年轻人没问题了！之前不论经理、襄理等主管如何劝说、辅导赖先生都无效，因为他们总是在谈业绩。当我以局外人的身分，反而看出这个年轻人此时缺乏的是信心和方向。

请不要再找借口

你跌倒了？我知道你一定会很伤心，但是我相信你一定有你的价值，只是现在因为恐惧而心生恐惧，产生隔阂，不敢走出去，你不断说你害怕、你担心……这些都是借口。你根本还没有拿出热忱去感动那位老板，就算对方已和别人签保单，你也可以拿出热忱去请求对方：「能不

能请你当我的老师，告诉我，我哪里不够好？」

对方必定愿意倾囊相授，也许彼此还会变成朋友呢。在我遇到挫折，被员工抢走大半客户时，我也是到处请问别人：「为什么不让我接这个单子？」

尤其要再回去找那位拒绝你的客户。

因为你的答案就在他身上。

拜托对方做你的天使、生命贵人，请他告诉你为什么愿意和别家签，却不愿意和你签，你和他谈了那么多次，是不是哪里有错，你的缺点在哪？是不是你有哪里不好，请他告诉你。真正的答案，就在那个人身上。

只有这样才能找到真正的问题。让对方明白你是真正热爱这一行，不是随随便便来打混，所以请求他告诉你缺点，让你有机会能够修正，成为一个真正成功的工作者。

你为什么久攻不克？如果这个问题，你想破了头还想不出来，就去直接请教对方吧。敢把弱点让对方看的人，才是真正的成功者。

周小语

除去心中的那道墙不难，起而行吧！有心就终找到可以施力之处。

09 背叛，是一种成长加速器

我深刻明白人心本来就是私心，真的很难学会不计较，重新归零，真真正正学会：丢脸，才是成功的钥匙。

电话那头，男人气急败坏质问我：

「我这里有个香港团，人都已经到机场，为什么还没有车去接他们？」

香港……机场……接……？

这几个字眼在我脑子里转又转，可是我实在不知道他到底在说什么。

「等一下！我们有约好吗？」

我赶快安抚这位香港客户，同时想办法搞清楚到底发生什么事，很快地，我明白了一事情很严重。

我想栽培的一位运将冯先生，了解到我企划的观光旅游的确是一个很大的市场，结果他竟然拿着我自掏腰

包请人家翻译成英文、发给团队的企划案和旅游规划，动了私念，想背叛我、自己独吞这块商机。我回忆前段日子，我和客户初步洽谈合作案之后，就把案子交给这个小冯，让他接洽后续合作事宜，但是每当我问他案子情形，他都推说客户根本没有联络他。结果，事情真相是，他偷偷以低价去抢这个案子。

我的工作方式都是谈定内容，一定要签订合约才算数。但是这位运将却太天真，他想私下抢案子，又不懂得签合约的重要性，以为光是靠口头说说就可以成事业。

不知打了第几通电话，他终于接手机。我问：「你怎么会做出这种事？」

「周大哥，这件事你不用负责，我来处理就可以。」他的回答让我很傻眼。

「我怎么可能不负责，客户都找到我头上了。当天你和我去金宝山看观光路线的时候，你早就偷偷和香港讲好这几趟行程，但是怎么完全都不讲，而且还故意报这么低价？」

「这么大的观光导览商机，却被你的私心搞坏，你到底在图什么？明明是一个可以做起来的事业，就算我把台北的车队都交给你，你带得起来吗？为什么不大家一起齐心努力打拼？」

我气愤又沮丧，连番质问他。但是沮丧、生气都没有用，这时刻最重要的是解决问题。我马上把所有数据打印出来，联络客户，联络其他运将，赶快调度人手。

为了预防像他这样的私心，沟通时我还全程录音预防，也请助理紧急在网页上注明我和他没有任何合作关系，千万不要受骗。从互信到互疑，被部属背叛的感觉真的很痛。一个蓝海生意就被一个人的私心搞成死海。

由于这位小冯私接案子又没签合约，那阵子我请其他运将务必完成那几趟导览车程，心里又担心收不到车钱，非常着急，还请部属来来回回到香港很多次才终于拿到车钱，能把费用如实交到各运将手上。

当时，我也问香港的这位陈老板：「既然要合作，为什么却这么贪心便宜？」

后来这位陈老板透过很多代理人想和我谈合作，但是我都直接回绝。我知道像这样偷偷摸摸的做事方法太不值得信赖，合作为什么不光明正大？

背叛是一种成长加速器

记得不久前，我因为一则报导而注意到这位运将小冯，他的服务做得很好，再加上他开六人座的大车，可以帮客人搬东西，我就邀请他加入我们团队，由我来训练服

务态度，提升质量。

当时因为我常受邀到企业和政府单位演讲，所以我计划把车队交棒，好好栽培这二位小冯、小庄，我们谈服务、谈做法、谈规划，畅谈很久。有家公司希望我为大陆游客规划一趟囊括邓丽君墓园的行程，我把这个套装行程安排好，带这二位伙伴开车一起上金宝山，实地走一趟。就在那里，我希望他们发愿，共同投入这个新计划，一起创造台湾出租车未来三、五年的真正价值。

「**既然要合作，就不要有私心，要齐心。**」我说。

「好！」他俩齐声回应。

谁也没想到，我们合作的缘份这么短，另一位我计划重点栽培的得力助手则出现感情纠纷，我只能痛心地告诉他：

「你要把你的感情先处理好，我们再来谈接下来的合作。如果我还给你机会上台演讲，那以后事情会不得了，会有多少粉丝跟在你身边，你的问题要怎么解决？」

那段期间我常常想起我的恩师李港生常提醒我的「**二十学，三十冲，四十稳，五十淡**」，很多人在四十岁时，好不容易事业有些成绩却跌个大跤，因为有名有利有成就，然后就想要玩，也许出现感情问题甚至陷入桃色纠纷，影响自己的工作专业形象。我自己也是在四十多岁这个阶段摔这么大跤，因为我没带好组织，尝到失败的苦果。

很多人到了这个失败的低点，会无法放下自己，走不出来。如果可以在这个时候又站起来，日后就不怕再跌倒，因为那代表你把自己修练得很好。

这场背叛，让我又学了一次，经验越来越多。我深刻明白人心本来就是私心，真的很难学会不计较。我放下身段，重新归零，倒退减速，真真正正学会这件事：丢脸，才是成功的钥匙。

Part 2

逆风，才能做顺风的领导者

01 贵人制造机

首先，就从「你先当别人的贵人」开始！

「司机大哥，因为我没有手，你可不可以自己在我口袋里拿钱？」

这……？

我很惊讶，这位客人竟然要我自己拿钱？

从后照镜看过去，这位客人不但没有双手，一只脚是瘸的，一只眼是瞎的，全身看起来，好像只有一张嘴是完好的。

我有点同情他，于是打算只收很少的车费，但眼前这位「一张好嘴」的主人说不行，坚持要照算。

我问他贵姓。

「姓谢。」

今天是去跟朋友碰面？

「去演讲。」

啥？？？

我没听错吧？他这样也可以去演讲？

那时，我刚出来开出租车没多久，还是个不快乐、爱计较的司机，所以接下来也没有和这位谢先生多聊什么，因为心里在想着一件事—

哎，怎么才坐这么短，一百块有找！

一个不快乐傻瓜的领悟

常听到很多坐出租车的人说：「今天那运将脸色有够坏，好像人家欠他钱似的！」

我出个谜语请大家猜猜看，那位运将的脸色坏多久了？

答案是，从他开车的那一天起，就一直坏了。

六年前，我刚开出租车时，也是「不快乐的傻瓜」一族，每天开着车，在街上乱绕找客人。

当有一天，绕着绕着，幸运地遇到一位「老板级」客人，因为他那时点醒了我，让我开始想要改变、调整自己。

接着，又因为一趟共乘服务，只是顺手多买两瓶矿泉水，给乘客解渴的贴心动作，让我认识了在管理顾问公司上班的黄小姐，在她的介绍之下，开始为他们公司的讲师们固定做接送服务。

也因为和这些老师们的朝夕相处，在他们的启发之下，让我重拾好久不见的书本，爱上阅读。

因为阅读，我在书上看到一张眼熟的照片，照片里的主角叫做「谢坤山」。

那不就是以前被我载过，说要去演讲，可是明明「重度残障」的男子吗？

我读着这位谢先生的故事，心中满是佩服，他十六岁时重新定位自己的人生—那年他被高压电电到，成为这副模样，可是却要立志做个「有用的人」。

但只剩一张嘴的他，还可以做什么？

咬着笔去学画画，自给自足。

然后四处去演讲，以自己的经验来鼓励别人。

想想谢坤山那样的处境，都不向命运低头，那我为何不燃起生命热情，好好过每一天？

看看自己比他多两只手和脚，是不是也该抱着乐观的态度，回馈给别人什么，集小爱成大爱？

「你有听过一个运将，带着一张嘴巴、一颗心去大陆、感动人家吗？他的名字叫做周春明！」现在有人这么说我。

但我只是个很平凡、很认真、很努力，把每件普通工作用心做好的小小运将，其实也不知何德何能，有今天这个机会跟大家分享，真的很谢谢一路给我养份的贵人们！

今天你当谁的贵人

「老师，我弟弟碰到一个瓶颈，可不可以请你帮帮

他？」演讲时一位听众问我。「好啊，下周我在台中有场演讲，你可以带他一起来听。」

演讲过后，我另外安排时间，特地再找那位听众的弟弟出来喝咖啡，对方四十岁左右，在工作上出了一点状况，不知如何是好。

他有能力，也肯努力上进，但好像在事业上缺少贵人相助。

「贵人在哪里？如何才能找到贵人？」他问我。

「首先，就从『你先当别人的贵人』开始！」

于是我告诉他关于一个哑巴的故事，而且这个哑巴还会卖房子！

那位哑巴本来是个油漆工，但是当金融大海啸来临，他失业了，为了养家糊口，就跑去房仲公司[①]请求人家让他发宣传单，对方看他可怜，便勉为其难的答应了。

但他很珍惜这份工作，不但在市场发宣传单很有礼貌，还会主动帮店家们扫地，后来那一带的商家住户全都认识他，便有人主动跟那家房仲公司连络，指名要把房子给他卖。

但是公司想怎么办，这位「哑巴先生」没有证照，如何卖房子？就赶快请同事来给他培训。

他就是教导我「真感力」的王浩先生—虽然口不能言，但用这份感动的力量，去感动别人，让贵人主动上门把房子交给他卖。

①房仲公司：房地产公司。

我转述从周刊上看到的王浩先生的故事，鼓励眼前为事业瓶颈所苦的听众朋友。

我们一样都是人，都是好手好脚坐在这里，为什么要放弃？为什么要抱怨自己没机会？

机会的种子，就是从你的心念一转，先真诚的对别人付出关怀开始发芽！

帮助人，就能慢慢建立你的人脉，你的人脉网络就会渐渐开枝散叶！

人生有九个会，同学会、同车会、同胞会、同病相怜会（病友互相鼓励的小团体）、同业会、同宗会、同修会、同网会、同师会（同一个老师），从这九个会中可以再分裂出更多的人脉可能性，这是很好的人脉基础，能够经营出很好的人际关系。

九个会中必须画出一格，每格必须有十个人，做事业就是二十／八十法则，等于每格留下二个，二九就是一十八，这些人将是你人生当中最重要的朋友。

有些人将是你的**推手、导师、开心果、心灵支柱**，彼此可以互相帮助，在你有困难的时候愿意赴汤蹈火支持你，当这些朋友集结起来，就是你人生最珍贵的人脉！

但是，在此同时，你要学着不计较，并且修「功德道」！助人成功是上品功德、启发智慧是极品，救人一命是菩萨道的功德，是因为唯有这么宏观的态度和气度，格局才会大。

某次去演讲，结束之后有个听众很感动，跑过来问我：「周老师，你都是在说你自己的故事，都好感人，为什么你总是愿意到处去帮助人？」

我也不知道为什么，大概是生命的热情，被一路上的贵人启发出来了吧！

那好像大海纳百川，我进入一个真正的蓝海，发现自己可以为别人做的事情太多了，然后愈做愈感动，接着朋友和贵人也愈多。

我们还在每天跟人家计较那些钱吗？

钱本来生不带来死不带去，强求又能怎么样？

再多的钱，能够使我们在死后，让人怀念吗？

会让人怀念的，只有两个字—

功德。

「如果哪天我死了，不要办丧礼，可以把遗体捐去做大体研究，再把骨灰洒在我常去捡石头的那条河。」

很久以前，我就跟太太、儿子这么说了，对于生死，我早看破，所愿意帮助任何一个我有能力帮助的人，为他解惑。

「周兄，你要捐大体的话，我先拿《西藏生死书》给你看，要等二十四小时过后才能捐哦！」

再见了，我的苦瓜脸

有一回，坐我车的陈老板这么跟我说：「笑容是好运的开始。」，后来我们变成很好的朋友，因为他看见我对生命的态度，对人生的价值，于是也愿意给我机会，偶尔也主动为我介绍一些生意。

「周先生，古人说相由心生，面相会变，你真的变好多哦！」我的恩师们，都这样跟我说。

是啊，我看自己以前的照片，也如此觉得。

以前我的脸，是张充满压力苦闷的脸，不用开口，那张脸就彷佛是在对你说：「苦啊！」

现在的脸，好像越来越圆，圆得像是满月，总是带着笑意、上扬的嘴角，像是在跟全世界宣布：「我好开心！」

当你学会把能量转换时，整张脸就不一样了。

当你抛掉那些负面思想，诚以待人、敬业乐群，好的事情就会一直来、一直来！

当你丢掉过去的种种不如意、减掉压力的包袱，找回童年时代，最纯真、最灿烂的笑容就会像香水一样感染很多人。

有一天，一位脸上好像写着「我很烦」三个大字的企管讲师，坐上我的车，要前往演讲的路上。

「老师，有什么我可以帮你的？我是一个满特别的运将哦！」我鸡婆[①]的给他看我的简历。

「你也有在演讲？」

那位老师很讶异，于是就告诉我，他在公司所遇到

①鸡婆：啰嗦。

的不平待遇，谈吐之间，感觉他是个有才华、肯上进的好人才，但偏偏就是「遇人不淑」。

「老师，虽然老板和同事在背后做的一些事，让你很难过，但等一下请把这些情绪通通切掉，你今天上台时，一定要快乐的讲，开心的说，相信我，就会有不一样的能量出来！」

眼看我们的车子就即将抵达演讲会场，我这么鼓励他。

那位老师很感动的跟我道谢，他下车之后，我拿出手机开始拨电话……。

「您好，我听我们麦可大哥说，老师的课上得非常好，不知道有没有这个荣幸来认识您？」

当他早上的演讲结束，中午就接到其它顾问公司的电话，如此说道。

晚上当老师坐我的车……

咦，整张脸不一样了，开始有快乐的光泽，一上车他就很HIGH：「麦可，你真是个传奇人物，你是我的贵人！」

哈哈，我听了也超开心！

快乐是可以创造的，你要先给，才会有，而且给越多，快乐也越多！

02 什么财富别人偷不走

全世界最大的资产是人脉与知识，别人带不走，你要自己去取得。

即使去一些企业演讲，领到一笔不错的讲师费，我还是很重视那只有五十块的服务。

从台北演讲完，要回基隆时，我就把西装放进后车厢，然后在路旁找共乘的客人。

「先生小姐，很高兴你们坐我的车，为你们服务是我的荣幸！」就算花五十元共乘，坐上我的车的客人，开车前我都会这样跟他们打招呼。

所有人听了都是先愣一下，然后说：「不不，是我们的荣幸。」

「其实，我是一个运将，平常有在各地演讲。」

客人听了很惊讶，于是我们就这样聊了起来。

这共乘也许是小钱，但可以拓展人脉、交到朋友，甚至也常常帮助到别人，且还能激发出很多下次演讲分享的灵感，真是一件超级好的事情！

五十块共乘，偶尔也有四十九块的服务，我还会问那个客人：「我有什么可以帮你？」于是就有了一块钱的故事。

五十块的共乘，也换来客人想跳海的故事，让我在对方十分危急之际，积了一点功德……。

所以我不会放弃五十元共乘的服务，因为那代表我的服务初衷，初衷最重要。

对于机场客人的接送，我还会自掏腰包，贴一百元左右。

做什么?

为客人提供早餐，以及报纸。

因为想到机场东西很难吃，所以我都会贴心的奉送，让客人可以在我的车上享受美味的早餐，并且好好休息充电。

为客人准备早餐和报纸，有限花费代表我服务的诚意，却让我换来很好的客户，和源源不绝的生意。

「我回来那一趟的钱先预付给你，那天你要记得喔。」

说话的是陈老板，就是因为我这样的贴心服务，而成为我的老主顾，不但每次他出国回国，一定要请我服务，甚至还主动介绍一家上市公司，对方把整个公司的量都给我。

虽然我不计较，仍不免会遇到很会计较的人，但我

总是鼓励自己，不可能天下都是好人，不可能做好事一定就有好报，但我们还是要乐观往前看。

因为保持乐观和不计较，让我得到很多朋友、生意，还有很多宝贵的智能和知识。

「你最近在忙什么，什么时候过来我看看你？」

在电话那一头的，是始终很关照我的林威雄老师，即使他已很有成就，在忙另一个事业，只要每次我打通电话，他还是关怀地问道。

「老师，你讲得非常好，知识是最大的财富，这是最大的修练。」我跟他说。

多年来，林老师一直跟我分享知识，也鼓励我要多看书，吸取别人的经验智慧，对我的帮助真的很大。

知识，也是别人永远拿不走的重要财富。

最近，台湾十大名师之一的范扬松博士，想为我策划一个有如登月球般的「不可能的任务」。

他在学校教很多EMBA学生，讲到「蓝海策略」时，都喜欢以我为例子，跟学生分享。

「老师，可是那是三年前的事，我现在都已在讲台演讲了。」我跟范老师开玩笑说。

「你要不要干脆也来我这里上个课，拿个硕士？」

哇，我没听错吧？范老师是在跟我开玩笑吗？

一直以来，我因为知道学历不好，所以总比别人更努力，也许是范老师看到我的努力，所以认真的鼓励我，好好考虑尝试拼三年拿学位，从高中补校跳到EMBA，然后他会把他在大陆的所有人脉，都介绍给我。

我知道，如果当我决定要去挑战这不可能的梦想，路上会有很多很多困难在等着我。

但你不谈付出，只谈收入，凭什么?

只想着要一路平顺，尽快拿到成果，怎么可能?

有梦想就有挑战，想得到快乐的果实，就必须先痛过。

知识是最好的财富

「我很想挑战看看！」于是我告诉自己。

虽然可以预见这是件高难度的事，但如果能拼个EMBA出来，对我未来在人生事业的格局，也许会更上一层。

我很感谢这些恩师对我的提携，让我在知识的大海，不断的往前航行，所以我也经常透过读书会，与有志充电的大伙分享我的小小智慧。

知识是最好的财富，当你愈分享出去，这财富就会像滚雪球般，愈滚愈多!

另外，不断的创新也是一种偷不走的财富，我未来有个「乐活自由行」计划，响应目前乐活单车的风潮，推出以出租车，结合骑单车、看风景、享美食的台湾旅游导览套装行程，首先打算和美利达、捷安特等自行车车队合作，规划八天七夜的环台之旅。

我的车上可以放六部脚踏车，到某些风景路线，客人可以下车骑一段单车，一边运动，一边欣赏美景。

到猫空看夜景、到基隆吃夜市、到平溪放天灯……一路上，我可以凭着自己喜欢全台「趴趴走」①的经验，把台湾真正的观光软实力介绍给国内外的游客。

硬件不是最重要，软件才是重点。**真正有实力的人永远不怕别人来复制，因为他永远比别人早一步，而且也掌握了人才方面的优势。**

谁说运将只能双手握着方向盘，成天在路上绕啊绕，苦苦等待客人，然后靠着劳力和运气赚钱？

现在的我，是用脑力赚钱，不再被动等待，总是主动出击。

我不断的充实自己、不断的分享，更不断的早别人一步，开发创新的服务，希望未来有更多志同道合的伙伴加入，创造更大的能量！

现在我两个助理都是研究所毕业，一个逢甲毕业住

①趴趴走：到处走到处逛的意思。

在苗栗，一个在新竹，我们一同打拼，朝向更高更远的目标前进。

全世界最大的资产是人脉与知识，别人带不走，你要自己去取得。

钱有一天也许会用尽，但是人脉与知识会留下来，当你用创意把知识卖出去，用服务分享感动，就自然会创造财富。

所以，你还要计较那些让你不开心的人事物，计较几块钱，计较那一点多为别人付出的关心和时间?

是不是该把那些计较的心思省下来，好好投注在那些别人偷不走的财富上?

03 机会像什么？像小偷

在你毫无发现的时候悄悄来，离开的时候也是无声无息，而且会让你损失惨重。

遇到困境怎么办？

一切归零，倒退减速。

每次都要归零，回到原点，好好检讨自己，思考这件事、这个事业为什么不会成功？一条条列出各种可能的原因，是因为自己处理不当？或者自己根本不够了解这一行？

从自己目前的状况和心态，来讨论自己的失败，而不是在一直猛冲。

人在沮丧中，总会忘记过去的自信，把快乐的事忘得一干二净，曾创下的成功勋章都变成一片模糊的灰影，整个人陷在困境里，这是非常危机的状况，脑子里都是情伤、悲伤和所有的伤痛，全是负面的事情。你一定要跳脱当下，找到自救的方法！

有太多太多人无法跨出第一步，若想要跨出第一

步，必须靠习惯的养成。很多人甚至没有勇气到这个程度——人家直接把机会给他、放在他面前，他却连接都不敢接。

如果是自己陷入低潮，你要懂得站起来打开窗户，不要封闭自己，去找个倾诉对象，也许是朋友，或者是张老师、心理医生。如果你的亲友没有这种跌倒再站起来的经验，你就要去找专业者倾诉。

身旁有人陷入低潮困境，请你当他的垃圾桶，让他宣泄情绪，全方面地好好聆听对方：

眼听：观察对方的动作、表情。

耳听：专心聆听他的话。听好话，更要去听别人说了什么坏话。

心听：把这些话好好听进心里，看进心里。

脑听：在脑中整理出一个计划和蓝图。

当你懂得真正的聆听，你就是真正的千里眼和顺风耳。

出书后很多读者来找我聊，我始终相信每个人都是有救的，未来一定是有希望的，所以无论如何我都会为对方空出时间，请对方坐下来好好陈述。很多人询问突破事业瓶颈的方法，也有些女性读者问：「周老师，怎么办，我老公外遇。」然后就泣不成声哭诉起来。

「你为什么要一直谈你先生，为什么不谈谈你自己？」

「咦？」她愣了一会儿。没想到我会这么回问她。

「你可以改变自己啊！改正自己的缺点，改变自己的心情，甚至也可以改变自己的装扮，你可以问问他为什么不再喜欢你，为什么要在这里自己东猜西猜？」

那个叫做「机会」的小偷，你抓到了吗？

人生就像一部电影，活了这么多年突然碰上这么大的危机，确实很可怕，但这也是一个机会！只要你愿意把一切归零、倒退减速，就会看见这卷人生胶卷，自己究竟在那一页那一格做错、可以如何做得更好。

机会就像小偷，总是在你毫无发现的时候悄悄来，离开的时候也是无声无息，而且会让你损失惨重。

当机会终于出现在你面前时，你要有能力去看见、去认识：「喔，原来这就是机会呢！」

如果你无法看见和认知到，连手都没有伸出去，这就是空谈了。

所以成功没有方法，只要跨出第一步，方法就来了。你再等、再想，就来不及了。但是太多人就是一直想，只是坐着想，不愿意站起来去尝试，不然就是抱怨自己命不好、父母老师不疼我。但是究竟是谁说你的命运只能这样？其实就是你自己。

如果当年我也爱计较价格，就不会想改变自己。我不愿意像所有运将的命运一样，我要反过来挑战！我愿意

给自己改变的机会！愿意站在讲台上！我～愿～意！我愿意去看看当这个世界一直在改变的时候，自己可以做什么样的改变！

世界的脉动、时间巨轮和生命的尺轮，都掌握在你自己手上。

就这么简单，没什么困难。

因此你要定位自己未来三年、五年的GPS坐标，往那个方向前进，定位清楚，朝那个方向走，就会成功。而不是茫然地重复做手边的事，做一做发现瓶颈又停下来不做了，那不就又回到原地吗？

遇到挫折，就停住，嚷着我做不下去……，为什么不去想想自己为何做不下去？

失败挫折时，一定要去找出痛的因，有了因，才会有果，才能谈成功的机会。当下要停下来观察检讨，但是并不等于要放弃，这时就要用显微镜来看看，到底神经末梢哪条神经没有接好？这才是重点。就像一个人手断了，即使接上，但如果没接好神经，一样没用。人生这条路上，不是每个人都会成功，唯有愿意坚持、愿意给自己机会的人，才会成功。你连机会都不给自己，还谈什么成功？

当你愿意伸手去抓，机会就来了，命运就来了。

很多人一旦在事业上跌倒，就很难再站起来，因为他成功时从没想过为失败做准备，跌倒时，也很难再重新立起成功的标竿。

立起成功的标竿之后，千万不要再回头看。你的目标只有前面、没有后面，一旦回头，你就输了—你会一直陷入那低潮，想着那些失败和负面。妨碍你往前走、走向成功、走向正面之路的人，都是撒旦和魔鬼，他们在阻止你再次成功。一旦立下方向，就要专心往前走。

态度决定格局的高度，气度决定事情的宽度，宽度最大的人，他张起的帆永远是最大的那张帆，等到那阵风吹来，他就能立刻冲向那片蓝海。

不要再观望，不要再等待，机会就在你的前面，赶快伸手去抓吧！

04 先付出，才有价值

给他一条鱼，只能让他活一天，但教别人结网捕鱼，就是一生受用无穷。

很多人一毕业找工作，第一个念头，就是开始计较：工作时间有多长？薪水有多高？我有什么福利？

有位年轻人在大学毕业后从事服务业，有天碰上了很「特殊」的客人—明明烟灰缸就摆在桌上，他却把烟灰直接掉在桌上。这位年轻人已经擦了两次桌子，每次都劝客人不要再这样做，但是客人坚持己见、劝也劝不听。没想到，这位年轻人竟然就和客人一言不合……扭打起来。

店长一见不得了，赶快冲出来拉着这年轻人，店长说：「我们服务业怎么可以这样做？你先放下工作，回宿舍去。」

回到宿舍的路上，年轻人越想越慌，心想糟糕了、完蛋了、刚才太冲动，看来我要被裁员了。结果五分钟后店长走到宿舍，手上果然有一本东西。

「难道是离职单？」年轻人沮丧地想。

他抬头看见店长手上的东西，那是我的书—《计较是贫穷的开始》。店长只对他说这句话：「你看完这本书，再跟我说你的心得。」

年轻人看完书很感动，他开始明白：那位客人可能是习惯的关系，才会无视桌上的烟灰缸、任烟灰掉到桌上，自己明明身为服务业，怎么可以和别人计较？我不应该计较的，我是大学毕业，而这本书的作者在四十二岁时被迫裁员，只有高中学历，无资金无资源却可以做到今日这个成绩，凭的就是「服务」两个字。把服务做好，用服务感动人！

年轻人反省自己凭什么跟别人计较，从今天起他要放下计较的心态。就是这个念头，改变了他！

别人对我转述这个年轻人的事件时，我真的好感动。如果我的书能够多帮到一个人，就是我最开心的事！

你的感动存款簿，有多少存款

像现在每次演讲结束，如果有听众找我，我都愿意免费辅导他们，因为这是我最珍贵的「感动的存款簿」。从南到北，企业也好，学校公益团体也好，我都愿意去分享，上次花莲家扶中心邀我演讲时，我知道很多老师都不愿意跑那么远去演讲，我马上答应，甚至捐出一半讲师费，我特别提醒他们订莒光号[①]火车票来回就好，千万不要多花钱订自强号[②]。虽然只是演讲三个小时，但是来回车程就要耗掉一整天。这样的事，我愿意。

我愿意当一个傻瓜型的老师，不是一个善计较的聪明老师。从运将到运将演说者，让我有机会和更多人分享服务观念、人生经验，在这段蜕变过程中，我真的非常感谢两位恩师：李港生老师和林威雄老师。

李港生老师用很特别的方式激励我—泼我冷水。有时候我很开心去向老师报告近况，他回答：「**这有什么好高兴的？这些事情可以在演讲台上分享，但是不要和朋友谈这个，你要去思考自己的人生还有多少年，还有哪些事情该做？**」他当头给我一棒，让我更慎重思考演讲内容。

林威雄老师接到我的电话，总是回答：「你最近还好吗？有空来找公司，我来帮你充个电！」恩师总是这样关心学生，总是为学生好。我载老师这么多年，平日常常关心他的小孩，除了逢年过节以短信问候，平常也会用电话询问老师有没有什么我帮得上忙的地方。有次，我太太升任经理但是遇上了瓶颈，我请教林老师，他马上列了几条注意事项，之后还细心询问后续发展，真的让我好感动。

两位恩师一位是热心关怀，一位是泼冷水激励，都让我非常感谢，他们是我人生很重要的支柱、推手、心灵

①莒光号：台湾地区普通铁路客车。②自强号：台湾地区最高级的铁路客车。

导师和开路者，让我非常感谢生命。

认识老师们以来，我一直用真心来服务他们，所以他们都愿意给我机会，让我看到自己的可能性。看到这几位恩师的成就，以及对社会的回馈，他们的身教对我影响很大，让我明白这个道理：

「人要先去付出，要让别人看到你的价值。给他一条鱼，只能让他活一天；但教别人结网捕鱼，就是一生受用无穷。」

能够启发别人的智慧，是很大的功德，只要是我能做、能给的，都会尽量去做，未来有能力我就会给更多。所以我在演讲时，如果有学员提到遇上瓶颈，我都很愿意放下身段，空出时间来个别和他们分享、鼓励，也愿意保持初衷以共乘的方式，借由这些机会来帮助更多人、启发更多人。

如果有一天，有人站在台上说当年他在生命困境里，是因为有个运将鼓励他启发他，因此才能在这里分享自己今天的成绩，这就会是我最开心的事！

「我可以为你做什么？」的神奇力量

你今天是不是找到了一分的感动？你做到了吗？你的感动存款簿够厚了吗？

不要怕当傻瓜，不要怕先付出，每天都去找「一分的感动」，工作时，看到别人就主动打招呼：「经理早安，需要我帮你做什么，我去帮你倒杯茶。」看到地上肮脏，就拿起扫把自己去扫地，不用等阿姨，因为我们都在创造生命的感动。动起来，就这么简单，不是在追求什么，人生要追求的事物，都是自己在掌握。

遇到困境时，我在麦当劳打过工，也参加政府在公园扫地项目，我期许自己每年都找一件事情来归零，回到原点来淬炼自己，也许今年就去当义工吧，没有薪水也可以的。

这是一件很有意义的事。像我的恩师李吉仁老师，不常到企业演讲，但如果是为了培训老师，他都很愿意，即使两小时的演讲费用根本不够来回车资。因为李老师相信知识无涯、无边无际、学也学不尽，他很乐意把知识分享给更多人。

台湾有些名师难免有些功利导向，不太愿意到公家机关或校园演讲。有次我到大直中学演讲，遇见洪兰老师，我才知道洪老师每回都把讲师费捐出去作为学生的教材费、或是为学生买计算机，她总是默默行善，参与许多公益活动。

像严长寿先生这么有成就、有名望、对社会有贡献的人，说退就退，他不愿去企业演讲，但非常乐意到公益团体演讲，这是他的高尚德行。心胸造就一个人的格局，态度决定高度，气度决定宽度，但是有多少人能做到？我必须承认就连很多老师自己都做不到。

「我们可以帮别人什么？」这是一个很好的问题，我觉得我们都可以多想想这件事。

有一天当我有这个能力的时候，我愿意去做什么？像陈树菊阿姨捐款这么多，她牺牲大家以为的眼中幸福，却从不以为苦，就算每天吃青菜豆腐汤也觉得好吃。人生从早上起床那一刻，到晚上睡觉闭眼那一刻，都是一种修行，请问你做了什么事？不要谈来世，那太空泛，你应该看看当下，自己为这个世界做了什么。

这几年我常到各机构和学校演讲，最感动的就是，面对上千听众演讲结束的那一刻，听众们眼眶都是泪、冲上来抱住你，这种感动会让我一整天的心情都是震动的。

我希望每个读者都能**找到自己的价值**。

当自己成功时，为何不去帮助那些陷入人生低潮的人？让他心中燃起一盏灯，对未来有希望。这是我最想做的事情，因为这可以启发别人智慧，就像做功德，这才是让未来人生满满成功的要点。

你每天的忙碌是为了生活成功，还是追寻生命成功？

希望你真正找到生命的快乐。

05 熬一锅成功的汤

在追寻梦想的过程都可能会不舒服、会跌一大跤，如何在跌跤时再站起来是很重要、很有意义的。

「我这辈子好像一匹马，每天忙来忙去，明明很想升上首席发型设计师，但又一直没有做到很好，我老是在想这个、担心那个，每次快要升上时又因为没有表现很好，而掉下来，就在这里一直徘徊。」

说着说着，年轻女孩就在我面前掉下眼泪。把站在讲台上的我吓了好大一跳。

那天的演讲主题是：「不要轻易放弃你的理想」。我以几个服务业的例子，如美发界的小惠（请见我的第一本书《计较是贫穷的开始》），和大家分享「服务」的重要，也提醒大家要好好把握自己的梦想。

没想到演讲后，这个年轻女孩就冲上台。我本来以为她要分享什么或是问什么问题，没想到她站起来之后，竟是向讲台冲过来……抱住我。我当场僵在那里，直觉认为这个年轻女孩一定正面临什么压力，于是我赶快安抚她：

「你不要哭，我知道你心里很难过，你等这个机会等了这么久。从现在开始，你要把心里的那段苦说出来，勇敢讲给大家听，只要讲出来，压力就可以释放出来，未来就会更有能量创造更高的能力。」

这位年轻女孩小玉擦着眼泪，慢慢说出她的茫然与不安—她渴望为自己开创一个不一样的未来，但是又对自己的能力感到不确定。我专注听着她的心情，却发现台下传来窸窸簌簌的声响。侧头一看，我才发现台下有许多学员都哭了。原来，这不只是小玉这个年轻女孩的心情，更是她许多同事们的共同心声。这场演讲在大家的啜泣声中结束，真的很震撼我。

我想，或许这正是时下许多人的共同想法吧：

想要突破自我、想要成为业界的NO.1、想要创造最佳成绩，但是却改不掉怀疑自己的坏习惯，内心总陷入挣扎与质疑，怎么办?

很想把「服务」这件事好好做好，认为自己有这个能量，但为什么一直无法做到？为何无法点燃内心的火?

面对日渐累积的压力，却只能不断压抑自己，不知找谁谈？不知如何诉说?

尤其前些日子全球金融大海啸时，许多公司都面临极大的压力，大家的情绪都紧绷到一个临界点，如果正好

公司文化很严谨、内部缺乏沟通管道，员工们就会不知道该如何抒发这些压力。

成功不要只是「想」

成功很难吗？执行一件事很难吗？

如果你每天花大把时间坐在椅子上想、想、想，对你来说，成功当然是很难。

成功的汤如何熬？就是以「努力＋抱负」来作汤底，「判断力和坚持力」是最佳的调味料，慢慢熬这锅汤，而且你绝对要寸步不离守着这锅汤。

我用卡耐基的这段话来提醒在座的他们，让他们明白与其花时间怀疑自己，更应该要赶快站起来，做，就对了！

后来我到宜兰演讲时，小玉询问我是不是能让她再去听听不同领域的演讲主题，得到不同的启发。

那天我在宜兰的演讲题目是：设定梦想。

每个人在追寻梦想的过程都可能会不舒服、会跌一大跤，如何在跌跤时再站起来是很重要、很有意义的。

人如何再去挑战？其实，最大的敌人就是自己，没有别人。一个将军从战场回来必定是满身肮脏，甚至有刀伤等等伤痕，不然怎么成为将军，他又不是上帝怎么可能不受伤。我们在职场上闯荡冲刺，一路跌跌撞撞、起起落落，难免也有这样的伤痕，不要怕受伤，不要怕被嘲笑，一定要拿出全力来拼。

那场演讲有两个小时，演讲中途我习惯让学员们休息十分钟，我发现坐在台上的老板打电话叫儿子快来听演讲。

「你们需要什么？有什么我能帮你们做的？」演讲结束时，我都会这样问学员。

「老师，我需要你那温暖的手握一下，给我们能量。」于是，我就这样和全场一百多人握了手。

没多久，我收到年轻女孩小玉的讯息，她终于成为首席设计师啦！

人人都可以熬一锅成功的汤，看着学员的一路成长，真是我最快乐的一件事。

06 STOP！借口

这世界没有市场饱和问题，是你能不能勇敢跨出那一步的问题！

「我真的很努力，每天最早进公司、最晚下班，可是同行竞争激烈，市场太饱和，我……根本无法突破业绩瓶颈。」

最近，我常常在演讲场合听到学员有这类苦恼。

这一天，我在为某家产物保险公司连续上五梯课程，因为在中南部演讲反应热烈，于是现在在台北再加一场演讲。

学员们碰到的问题是：市场饱和，怎么办？

在我看来，这根本不是问题，有问题的是我们自己！

统统是借口！

「这世界没有市场饱和问题，是你能不能勇敢跨出那一步的问题！」

「把『丢脸是成功的钥匙』这句话当作一句圣经，

千万不要怕丢脸。」

当我这么讲时，我注意到副总旁坐着一个女学员，她目不转睛、瞪大眼睛看着我。这是怎么回事？我心里纳闷。

为了让学员们可以真正理解，我习惯在演讲后安排足够时间作Q & A①。

「各位学员，不知道大家对今天的分享有没有问题？」

那位女学员迅速举手。

「老师，如何找到贵人？如何在饱和的市场开拓业绩？」她显得很着急。

「请问你每天早上几点上班？几点下班？」

「当然是九点上班，五点半下班。」

女学员回答得理直气壮。不过，她的答案让我忍不住想叹口气。

「如果是这样，你怎么会有能量？你要多利用多余时间，松下幸之助说『**一个人晚上六点到九点所做的事情，会关系一辈子**』！」

然后，当着他们副总和所有学员的面前，我提到过几天要去中部演讲，结束演讲后会在桃园下车，请这位学员开车来接我。

「要……干嘛？」

「你家附近有没有夜市或黄昏市场？」我问。她点

①Q & A：是 question and answering（问与答）的缩写。

头，提到附近有个大黄昏市场。

「好，那天你就带二支扫把和畚斗[1]，穿上有绣上你名字的公司背心，就像选举一样，我们来沿街扫地，建立人脉，老师会陪你扫地。」

「老师，你讲真的还假的？」

「当然是真的！副总就坐在你旁边，还有他们八、九十人，他们就是最好的见证。我陪你去扫地，你敢不敢？」

「喔……。」女学员回答得有些迟疑。

看来她是被吓到了，但其他人都鼓励她，她才缓慢地点头答应。我知道所有学员都很好奇，同时也在观察，甚至是怀疑：「周老师真的会这么做吗？」

就在我们约定「扫地」的那天，我结束在寿险公司的演讲之后，本来该公司协理[2]想约我吃饭，但我觉得既然已经和年轻朋友约好，就一定要来。下了高铁，大雨下不停，这位学员准时出现，开车时还不好意思说：「老师，不好意思，车子很破旧。」

一到黄昏市场，学员突然变得很带劲，她提高音量对我说：「老师，我去拿扫把出来喔！」

「不行！」我赶快制止，「现在先不用拿扫把出来，你现在去扫地，老板会把你轰出来。」

「……也对。」

我先陪你看看市场，我来当你的**千里眼和顺风耳，**

①畚斗：簸箕。②协理：一种中高层主管的职位，通常在总经理之下，在经理之上。

首先要眺望市场、观察目标。我们逛了整个市场，看看每个摊位，因为我当时还是穿西装打领带的演讲装扮，所以在买菜人群中非常显眼。整整逛了五十多摊，我问女学员哪摊生意最好？她很快指出那个有排队人潮的摊子。

「好，那摊就是你的第一个目标，然后你要挑不同的属性，卖鸡、卖菜、卖快餐的各挑出一个生意最好的摊子。你先认识这三个不同的摊子，把这些最大的目标攻占下来。」我分析。

然后，我赶快再补上这句，「对了，你等到八、九点，老板要收摊时再去扫。」

「喔，那要扫多久？」

「先扫一个月！**这就是「真感力」，真真实实地去感动对方**。你要真的去扫喔，我会问老板有没有看到一个年轻人在扫地？你天天扫、好好扫，摊商老板就会觉得奇怪怎么有一个年轻人每天帮我扫地、倒垃圾。让他们对你好奇、询问，到时候你就可以介绍自己。」

因为女学员的公司不是一般人寿险，而是产险，如对办厂、财务规划，有个很有趣是「一竿进洞险」，诉求的目标是高级经理人。

「你还要多利用周末！」

周末？

女学员听了不解，但我知道她如果想推「一竿进洞险」，目前的人脉还远远不够，年纪轻轻、资历尚浅的她

所认识的经理人，只限于自家公司，不像我每次演讲都是直接认识高级主管。

「你就穿着公司背心，到高尔夫球停车场去发传单，那些经理人看你这么认真，搞不好很快就有一张保单来。」

然后话锋一转，我问：「你早上上班之前都在干嘛？」

「就……」

「你去当导护义工，像在学校门口的导护阿姨，尤其可以到幼儿园门口去帮忙，帮个一年，园长一定认识你，会觉得你热心，也许就会加保一张团保的保单。」

「如果，你在那里扫一年，都没有人认识你，也没有人愿意加保的话，那就打给我，我来陪你扫一个月！」

「周老师，你愿意跟我说这么多，还愿意这样做，你是不是说假的？」女学员感到不可思议。

我听了哈哈大笑，开玩笑的问她：「我现在就是这样站在你面前，你觉得我在说真的还假的？」

有多少老师愿意走下讲台干这种事，和学员这样互动、鼓励、给予个别针对的方向？当别人在谈的是理论，说的是方法，我分享的是走出台来，分享真真切切的感动。

当公司主管对下属业绩的不理想，成天喊着开拓、开拓！有没有想过，要如何弥补这些年轻人能量的不足?

「老师，你看我弟弟这样『古意』①，要做业务的话是不是很难？」

曾有位听众，在演讲过后带着她憨厚的弟弟，这样问我。

但谁说做业务一定要会舌灿莲花？真正成功的业务，是要拿出「真感力」，真正用「感动」服务到客人，不是光靠口才。

当服务有多好，感动有多大，市场就有多大!

所以，我愿意有加倍的热忱和用心，服务每一个坐我车的乘客，以及听我演讲的学员。

是不是我们可以一起努力，把「服务」和「业务」，推向一个更高的等级，提供顾客更感动的价值?

①古意：台湾闽南语，意为“忠厚老实”。

07 帮人一把，就是在帮未来的自己

明天如何你不知道，但是你可以先把今天做好，把每天的一分感动放在口袋。

「周老师，我要去开出租车。」

不太习惯对别人表达情绪和想法的阿德，一开口，就是这么语出惊人。真让我非常震惊。

由于一次共乘的机缘，我认识了阿德夫妻。我在车上和他们聊到「顺风船会带你驶向平安港，逆风船会带你驶向金银岛。」的故事，没想到这句话深入阿德的心，因为阿德以前也是做生意，但多年来总是陷入起伏不顺的状况。当时他终于决定放下生意，去做保全工作，保全工作其实相当吃重，每次工作长达十二个小时，早晚两班轮班，已届中年的阿德对这份工作相当彷徨，不确定这就是自己要的工作。

这个话题引起他们很大的共鸣，我们在车上聊了很久，都已到达目的地还没有结束，我把车停在那里就这样继续聊了二十几分钟，后来我问他们：「我下礼拜在台北有场演讲，要不要来听？」

那场演讲，我以自己的运将经验，和大家分享服务的态度。结束演讲后，我问阿德：「阿德，你想做什么？」

阿德个性憨厚，聊天时往往是他太太说话居多，他大多是倾听的角色。结果他当时一开口，就给我很震撼的答案：他要开出租车。

我很讶异，但是仍然非常鼓励他：「没关系，如果你要转业开出租车，就要先把执照考下来，有了执照，才是最重要的。」

阿德为这张执照足足准备了一年，不过……他连考两次，都没通过。阿德非常自责，不好意思告诉我。我问阿德太太，才知道原来仍然没考上。

想了一想，我决定用这个方法来激励他——我严肃地跟他说：

「山爬到一半，难道你要回头吗？阿德你一定要考过，如果没考过，你一辈子都不要来见我。」

结果，第三次终于有好消息。阿德考到执照啦！我一知道这个消息，就拉着阿德去找车，考虑到经济条件，我建议他先向车队租车来开，花很多时间反复指导他如何做好服务，他在今年年初正式上场当运将。今年三月我从北京搭机回来时，请阿德来接我，再看到他的时候，我很惊讶地发现……他完全不一样了！！

以前做保全时，身体、体力和心情都很紧绷，现在的阿德整个人就是一张大大的快乐笑脸，我一上车，他就问：「先生，请问你要到哪里？」整个表情和音调都是上扬的，这是我从来没有看过的阿德。

看见他有这么大的转变，我心里实在有种满足感和成就感，趁着这趟长程路途，我再提点他如何精进服务、如何自我营销，更重要的是，面临机场捷运即将通车，我提醒他在这场出租车危机来临前，一定要赶快调整自己。

举手之劳分享一个转机

现在的阿德从一个苦闷的工作环境中走出来，成了一个最快乐的运将。住在基隆的这对夫妻，阿德每天早上载老婆来台北上班，在台北跑车，然后傍晚载老婆下班，开开心心一起回到基隆的家。

以前的阿德说话总是死气沉沉，现在变得非常快乐，事业有快乐，家庭有幸福，亲子互动很好，假日不开车时就全家出游，真的非常幸福。

我心里为阿德感到很骄傲，我只是举手之劳给阿德一个机会，让阿德看见自己的未来：真的不一样了！阿德太太在电话中不断向我道谢，我回答她：「不，这不只是我的功劳，都是因为你不断鼓励他。」

帮助一个人是长久的事情，不只是当下一句话的鼓励而已，对方需要的是持之以恒的关怀与鼓励，而助人者也不耀很现实地，等着马上得到什么回馈，无私的奉献，你才能真正体会助人为善的快乐，帮人之余也帮自己交到一个好朋友。

我们的社会需要更多的好人，我最近常常借由演讲和大家分享一个想法：人生有五种功德，

捐款予人，是初品的功德；

投入义工，是中品的功德；

助人成功，是上品的功德；

启发智慧，是极品的功德；

救人一命，是菩萨的功德。

就在我们身旁，就可以看见这五项功德的冠军：在台东市场卖菜的陈树菊捐款帮助非常多人、热情投入慈济[①]的义工们，都是值得我们学习的榜样。

上回有机会为CEO演讲时，我知道他们都很忙，要如何让他们都能修习这五个功德？

只要花一点点时间，问问自己在职场上有没有去帮助别人成功，有没有这样的案例，你曾经拉别人一把？你有没有去启发别人、让他长出该有的智慧？

其实，这五项功德也就是在修练自己、改变自己，培养出良好的MQ（道德观），加上IQ知识、EQ情绪，这三样能力会让你在人生和职场道路上储蓄正面的能量。

当我们都能学会这五项功德，有天当我们离开这个

①慈济：台湾地区最大的慈善组织。

世界的时候，人生不会有后悔，而是很圆满地笑着走。把每一天都当作我们的代表作，明天会如何你不知道，但你可以先把今天做好，把每天的一分感动放进口袋。

倒过才知钱之重。做生意被别人倒了钱①，你才会知道连一块钱都这么重要。

施过才知得之重。你施过别人恩惠，才会知道得到一个帮助是这么的可贵。

快乐是可以创造的，你要先给，才会有。我很珍惜现在有这样的机会，能站在讲台上以自己的经验和心得来启发很多人智慧。可以帮助别人，是我们生活在这世上最可贵的价值之一。**帮助别人的过程中，我们也能体会到「服务」的真谛。服务不在于价格，而是价值。一个sales想要在S前面加上一条线，变成$，首先就要把服务做好，才有办法得到$。**如果你只想要和别人谈价格，完全不想做服务，那生意怎么会进来?

在生活上、工作上尽力帮助人，这是修练自己最好的方式。所以，这就是服务的重要。

周小语

爱过才知情重，被人抛弃了，才知爱一个人的千辛万苦。

①倒了钱：骗了钱。

08 七个朋友，助你东山再起

一定要有热忱，才能完全不计较、认真投入，你就会开始认识到正面能量的人。

和幸福擦身而过的人、失去幸福的人、中高龄失业的人……如何再站起来？

我身旁的脸孔，都写着这样的困惑和焦虑。

去年过年前，我参加政府的扫地项目。这是就业服务中心为中高龄失业者规划的补助方案，为期十天，每天收入是八百元。我以过去在麦当劳打工的数据去申请，得到这次机会，工作内容是清扫基隆中山区公所、公园等地方。我将这份工作当成是另一次的自我修练！

当时我们这组共有十二人，其它人平均有六十岁，年纪相当大，有人一只眼看不到，有人走路一拐一拐。照理说，我们这群老弱残兵应该很珍惜这个好不容易得到的工作机会，但是有些人仍然抱着一堆借口：说自己住

内湖来这里要转很多趟公交车，所以才会迟到；有人盯着才扫，不然就坐在旁边休息……，满嘴都是负面抱怨。于是物以类聚，越来越多人聚向抱怨组，大家每天大老远跑来，好像就为了来抱怨。

好闪亮！高龄金牌打工王

这其中，有位张大哥在第一天就成了领班，每天都是第一个报到，规定的报到时间是早上八点，但是他永远都是七点半就到。他已经六十多岁，退而不休，常常到很多地方去打工，连扫地该怎么拿扫把、该怎么扫、草要怎么割才对都很厉害，个性也鸡婆，会主动教导同伴，所以不管到哪里打工都是当班长。

我觉得这位张大哥真是金牌打工王！越认识他，越觉得他很有深度，他连扫把都掌握得清清楚楚，像扫公园的大只竹扫把，他发现微微倾斜35度角之后最好扫。下雨时叶子会黏在地上很难用扫把清理，这时就不要用扫的，要用夹子或是长针般的工具，以夹或叉的方式直接捡叶子。连垃圾桶都知道要怎么倒才好用。

见到张大哥，我真觉得「位位出冠军，行行出状元」，他认真观察别人不以为意的小事情，他不但认真且专业，因此政府单位要找打工者时都会第一个想到他。

张大哥从来不迟到更不早退，如果要他再留一下扫地，他也愿意。当年工厂结束之后，失业的他因为学历不高、年纪大，找不到什么工作，就开始来找扫地的打工机会。「我好手好脚，可以来扫地，干嘛要让儿子养？」他告诉我。

当其他人扫一扫就跑到一旁休息聊天纳凉，我和张大哥总是很认真扫到一个阶段才会休息，张大哥有时看不过去，就会指责他们「你们为什么不先扫好再去休息？」看着那些不断找机会休息的人，我真感叹，他们从年轻时就是这样贪、爱计较，结果到了这年纪还是贪，计较这个那个，真的非常可惜。

这是一个体验人生的好机会，我看到政府其实一直在协助人民，十天下来可以领到八千块的薪水，这不是钱多钱少的问题，是一份力量！足以让这些人和家庭能安心过一个围炉夜。

回到家，我对老婆说：「我赚了八千块。」

「你真的是很特别的人，非常特别。」她笑着。

努力，必定会被看见，果然这个方案结束后，区公所找我和张大哥去负责黎明项目。更让我惊奇的是，在我放下杂念、默默扫地的时候，我的第一本书「计较是贫

穷的开始」在内地得到好评，我因此受邀到内地演讲！这个体验让我深刻感受到一件事：这个世界没有人会放弃你，只有你会放弃自己。

七个朋友，助你成功

如果你一直苦等东山再起的机会，先自问人生有没有七个朋友？这七个朋友将在你的人生、事业旅程中，扮演非常重要的角色，他们分别是：

❶ **推手。**这种朋友会不断逼着你、把你往前推，让你会想要一直往前走。他会鼓励你，把你推向正道，而不是进地狱。

坊间有很多心灵课程，有些人在遇到困境时会去求助这类课程，但真的有用吗？我觉得当下最重要的是「看清现实，先求有一口饭吃，才有办法生存下来」。其实目前很多机构和政府单位都有安排类似的辅导方案，只要你愿意去，拿起扫把扫地，做一件你本来以为很丢脸的事，就不会饿死。越怕丢脸，就什么都做不出来。

❷ **支助。**当你愿意做这些事，会对自己的未来有很大的启发，你边做边想，找到可以赞同、认同你的人，找到这些正面思考的人在你身边。

❸ **同好。**当你失败时，旧朋友也许会离开你，但是如果你不愿意走到新的环境，如何结交新朋友？你必须走

入新环境多尝试，才有修练成功的一日。

❹ **伙伴。**找到思想一致，共同想法的人，一起去打拼！找到对的人，给他们能量、价值、愿景，让真正的伙伴留在你身边。

❺ **开心果。**拥有开心果的朋友，可以为你带来快乐。我有个小老弟朋友，最早加入我的车队，却很早就离开，他已经30多岁却始终都教不会，我给他案子，他竟然可以爽约；我打电话给他，他竟然可以一周后才回电。但是我每次和他说话都很快乐，我好像一个传道者，就只有他这个人听不懂、不受教，但我还是一直对他传道，就这样传了十年，我想我还是会对他继续传道的。每当他来载我时，我就像看到年轻时的自己，想起最初的想法，让我可以提醒自己不要脚步太快。

❻ **开路者。**路要怎么开？看到机会就在前方，你能不往前走吗？你被石头绊倒，你能不搬开石头再站起来吗？失败了，不要耗在那里痛哭流涕，只有成功比失败多一次，站起来比跌倒多一次，你就成功了！站起来时，记得手上抓起一把沙，那把沙就是你复制成功的DNA，每次跌倒，每次都抓一把沙，就可以把这些成功DNA变成未来的蓝图，有助于你从优秀、到卓越、到精彩。

❼ **导师。**你要找到导师来领导你，这是人生非常重要的事！不论是给你正向或负向的力量都可以，如果他老是对你泼冷水，那更好，可以让你重新醒过来。虽然他的

话让你受伤，但是他们说的确实有道理啊。我身旁就有两位这样的老师，他们会不毫留情说：「你有成就了，又怎么样？你从演讲台下来、你从大陆演讲回来又怎么样？你要更小心。」

大前研一提醒我们「当人生进入50到60岁的后段老年人生，你如何寻找事业第二春？」有多少人能在这个年纪，再度创业成功？你有什么能量去面对事业第二春？请问你准备好了吗？

很多小事情都是机会和关键，就连扫地都会出现机会，像金牌打工王张大哥还被别人邀去接另一个工作。你认真投入、真感情的付出，而不是虚情假意，就会有好结果。

在就业服务中心，很多中年人一听到「扫地」，完全不能接受：「扫地？这不行啦，我以前是外商公司的经理耶。」他们立刻端出过去的名声和光环，这样子还能有什么机会？现在的重点是「你现在失业」啊。这种时刻，就要选择重新归零，从这里扫出你未来的一片天！就算是擦桌子，抹布一擦，你的心、你对未来的想法，就会越明越亮。

先调整自己的心态，一定要有热忱，才能完全不计较、认真投入，你就会开始认识到正面能量的人。我本来也没想到竟然能认识张大哥这样的金牌扫地人。这样的金牌手，人人都会抢！

所谓的热忱，就是工作的价值和动力。大家都说要做大事，但是大事有这么容易吗？一定是要从小事做起。不要有瞧不起的态度，热忱是从小事而来，不是做大事开始，当你愿意做一件很卑微、很小的事，用你的热忱做到百分之百的时候，热忱就会被勾出来。而且它会像大海，能量会越来越多，你就会越来越快乐。

从小事就可以训练好的能量，越有热忱，你就越有亲和力和敬业力，你会把每天都当作代表作，你这个人将会从一群人中跳脱出来。

周小语

本节内文改编至“七个朋友，助你东山再起”，愿你在人生道路上，找到属于自己的好朋友。

Part 3

感动，是服务的仙丹

01 一块钱的力量

只要有心，一块钱可以买到一个人的「生存」价值。

金融风暴真的结束了吗？人人都说经济已复苏，餐厅前的排队人潮再度出现，购物人潮一波接一波，但是我却在街头看见这样的家庭……

三月天的夜晚突然下起一阵大雨，天气湿湿冷冷，雨水就像是用倒的，啪啦啪啦直打车玻璃。那天结束演讲之后，我像平常一样在东区SOGO百货前，询问等公交车的人是否要一起共乘回基隆。

我才刚出声，就有个影子迅速冲过来，拉开前座车门，直接坐上车。

我被这个影子吓了一跳，仔细看清楚眼前状况。通常很少有乘客会直接坐前座，这位女孩抓着一把小伞，背两个大包包，小伞根本挡不住大雨，她整个人和包包都淋湿了。

「司机大哥，共乘到基隆是多少钱？」女孩问。

「从台北回基隆是五十元。」

「呃，这个……」

女孩突然支支吾吾起来，我不知道她要说什么，过了一会儿，才注意到她的表情非常苦恼。

「可是，我……只剩4 9块。」

原来她在烦恼这件事啊！我不假思索，直接回答：「没关系，你把钱放在仪表板那里就好，你赶快先用面纸把身体擦一擦吧，面纸在后座那里。」

后来沿路都没有其他共乘者，我就直接驶向基隆。当时是周六晚上十点多，我本来想年轻人在这种周末夜晚一定是呼朋引伴出去玩，但是看到她背着两个这么大的包包，实在很好奇她刚刚是去哪里，一问之下，才明白原来她是世新一年级的学生，而且要打两份工。

现在很少有年轻人愿意这么认真，尤其这天又是周六，当其他人都在玩乐的时候，这个女孩子真的很难得，我那种想鼓励人的鸡婆个性就冒出来了。

「小妹妹，我送你三个心。」

「咦？」她愣一下，大概是搞不清楚我到底在说什么。

「安心，宽心，共信心。」

「啊？这是什么？」

上一波金融大海啸，很多家庭都背负很大的经济重担。所谓的**安心，就是先要安身，把自己的身体照顾健**

康，养好身体才能好好念书，不要晚上种菜种太久隔天早上却发现菜都被人家拔光了，不要心思都放在网页上，既然你是学生，就要把重心放在学业上，好好用功。

宽心，就是回到家的时候，把包包放下来，看到爸爸妈妈坐在那里休息，你要问他们：**需要我帮你们做什么？**当你看到爸妈很疲累，你可以主动倒一杯水。只要这一句话、这个小动作就足够了，父母就会感觉到全家人的感情是凝结在一起的，会很安慰。这就是共信心。

我把面临金融大海啸的心得分享给她。

没多久，她……竟然哭了。

我吓一跳，我说错什么了吗？

等她终于哭完，我才敢开口：「小妹妹，你怎么了？为什么哭？」

「我今年21岁，我很担心家里，可是我从来没对我妈说过这句话。当周大哥对我说这句话，好像一把针刺到我心里，好痛。最近我妈失业，我必须打两份工，我不想让妈妈担心，我想要靠自己的能力。」

「你真的非常优秀！」

到了基隆，我问她：「那……你哭完了吗？」

她赶快点点头。

「你住哪？你还有钱回家吗？」

「……我剩一张学生票。」

「不然我送你回去好了。」

「真的吗？可是我还欠你一块钱……」

「不要再想那一块钱了，你这么认真努力，我就顺路送你，你就像是我的女儿一样。那么，我再送你五只昆虫吧！」

「咦？那又是什么？」

蝴蝶 希望你大学毕业的时候，能把自己打扮得漂漂亮亮去应聘找工作，一定要记得服装仪容整洁干净，就拿一双手来说好了，女生的指甲油不要太亮，男生的指甲要干净，让人留下好印象。面试时，你可以运用「两块钱面试的故事」，让主考官对你留下深刻印象。

蜜蜂 有了工作之后，要好好努力，要认真存钱，像蜜蜂一样储蓄你的收入和能量，才有办法过冬。千万不要办信用卡，一旦办了，你就很容易消费过度，出现刷卡借贷的情形，很容易负债。这是很危险的。办了信用卡，很可能就是负债的开始。你要学会当蜜蜂，学会储蓄，把这些钱当作你的第一桶金，刚开始你可能容易换工作，试着找到喜欢和适合的工作，所以你会需要这笔钱。不要用信用卡，要运用信封袋来理财，用很多信封袋个别放着伙食、车资、住宿的必要支出，当然还有一个信封是储蓄。

蜘蛛 多通过网络、博客等方式来建立你的人脉网络，就像蜘蛛人想要挂在网上，就必须八面玲珑，才有办去牢牢站稳。不论到什么地方，你都可以告诉人家：「有什么需要我帮忙的？我可以当你的垃圾桶吗？」到了第一家公司，看到经理，可以询问需不需要帮忙倒杯水，不要担心别人会认为你在巴结。把自己当成一个小烛火，从小灯笼到大灯塔，有一天你也可以去照亮别人。拨点时间去参加读书会、医院义工，可以建立你的人脉网络，我非常鼓励大家去当义工，因为那不是一个自私的环境，是一个道德的场所，想要在事业上有所突破或是广结善缘、吸引人才，拥有道德MQ是非常重要的。

蚊子 到了公司，多多观察公司里最成功、最有成就的人，试着主动靠近他，像蚊子般把吸管靠向他，向他多学习，吸收他的工作养分，复制成功的方法，好好学习就对了。

蟑螂 除了学习，也要拥有蟑螂一般锲而不舍的精神。你看，你晚上踩一只蟑螂，隔天早上仍然能看到它非常努力、活蹦乱跳地生存着。要坚持下去，只要有这种努力，你就可以点燃那盏灯，学会这五只昆虫的精神，然后再运用二十学、三十冲、四十稳、五十淡的精神。

这个女孩一听到这五只昆虫，笑得非常开心，下车时突然回头问我：「可以给我一张名片吗？」

「好，这是我的荣幸。你上网查我的名字，就会知道我是谁。」

看着女孩扛着两个大包包的背影，我衷心祝福这个年轻人可以找到自己的力量和方向。结果，隔天我接到她的短信：

「谢谢你，一块钱的力量好多好大。」

这句话就够了，年轻人也许欠我一块钱，但是我相信她会因为这一块钱而不同，产生更大的价值。

周小语

一块钱可以买到什么？买「垃圾袋」可能还不够，只要有心，一块钱可以买到一个人的「生存」价值。

02 行销台湾的运将

运将身兼专属司机兼导游，提供深度观光导览服务，带客人去体验慢活人生。

未来十年，出租车这一行，可以有什么未来?

除了把车开好，把仪容整理好，把礼貌做好，还能给客人什么样的服务?什么不一样的新体验?

出租车可以给客人更多更多感动和愉快吗?能让他们感动落泪吗?

当高铁开了，紧接着机场捷运也通了，创造运将「微笑曲线」的靠山在哪里?

这些是许多同业不曾想过，但却是我时时刻刻在想的问题。

创造运将「微笑曲线」的靠山，除了自身服务的态度之外，还有一件东西是我们百分之九十九的运将，都忽略的宝藏。

美丽的宝岛——台湾。

如果，比较速度、便利、价格，我们很难跟高铁捷

运去拼的话，为什么不能转个方向，将出租车变成旅游业来经营，甚至逆向操作慢慢开?

慢慢开，怎么开?

就是运将身兼自由行观光客的专属司机兼导游，提供深度观光导览服务，带客人去发现台湾之美，体验慢活人生。

有一回，某家寿险公司向我包一天的行程，请我带他们从新加坡来的客户Peter夫妇，去游览九份与金瓜石。

「麦可，我们这位客户有点感冒哦！」

听委托的主管事前这样提醒，我就马上想到了我的神奇秘方。

这天，这对感冒的客人一上车就闻到香气，很开心。

「赶快趁热喝，可以补充维他命C，对感冒很有帮助哦！」我说。

这饮料说神奇，它也不是多神奇，就是原汁的金桔和柠檬，再淋点蜂蜜，加一颗话梅的金桔柠檬茶，而我熟识的这家小店，就好在「原汁原味」以及「纯正」。

而且，一如往常的，就像为之前接送的讲师服务一般，我事先买好两杯放在车上，再多加一层纸杯包好，以免纸杯破掉。

二位贵客一边喝着我准备的金桔柠檬茶，一边坐车听我导览解说，车开到了八堵，我指着远方的山脉，告诉他们当年清朝的刘铭传来开铁路，有一天吃饭时，工人在基隆河八堵桥下洗锅子时，发现闪闪亮亮的金沙，后来有人顺着这条路过去挖，竟真的挖到金子，所以取名叫作金瓜石。后来又因电影「悲情城市」在这里取景，让这里成为很多观光客指名必看景点（那就是九份）。

「那里有个地方，可以看到像砖块的金子，价值二亿三千万，可是很重（重达220kg！），如果拿得起来就可以带走喔！」

「哇，真的吗？」

沿路我们很愉快的聊着，二人也喝完那一大杯热饮，上完厕所，都觉得感冒毒素排除许多，很舒服。

然后，到一家艺品店，看到一座玉雕艺品，摆放的架子是梨木做的，我看到Peter很喜欢，就帮他杀价，从2200元谈到1600元，Peter很惊奇，没想到我竟可以帮他谈到这样的价钱，感到十分开心。

后来经过某家店，我发现他停在那里不动。顺着他的目光看过去，哦，原来如此……。

葫芦。我问他喜欢这个？

「对啊，我想挂在客厅朝向门口，客人来都可以吸进来，招更多财！」

「哇，你很懂风水喔！」

我劝他，没关系，这个东西不会立刻被买走，我们先走到山上，一路吃下来，再来买这个。

我们从芋圆、芋头、芋头粿，一路吃下来，他们觉得芋圆非常特别，很美味很Q，在国外从没吃过这个。

沿路我推介他买很漂亮很多花色的塑料帆布袋，只要25元，很便宜。

他很疑惑这个好用吗？

「我就用这个背石头，非常耐用，你提这个去买菜，很耐装，又好看！」

下山时，经过那家店，我问他是不是还想买葫芦。他说如果不是我提醒，他都差点忘了呢。

九份行程玩得愉快，我接着带他们到金瓜石去感受那块金块的魅力。

到金瓜石博物馆门口，我故意说我来看过好多次，你们自己进去，我们约定一、二个小时后见面。其实我是观察到，如果我一直跟在旁边，也许他们夫妻会想自己走走看看。

后来约定见面，Peter很惊奇说：「麦可，真的没办法搬走那块金子！」

我开玩笑：「那不然，我们晚上偷偷来，把它搬走吧！」

博物馆里放了那个大金子，有个洞，可以让人伸手进去，如果搬得走就可以拿走拥有这块金子，但是从来没有人能拿起来。接着，我们到金山老街去用餐，差不多是下午一点了。

我带他们去金山鸭肉店，不过进去之前，先带Peter夫妇到一旁，请他们看看用餐环境是否喜欢，因为我考虑到，有些外国游客也许会介意用餐环境，如果不喜欢的话，我心里早已有准备，就去环境舒适些的海产店。

结果他们看了，说好啊，没问题。

我请太太占位置，要带先生去点餐。他们很意外：「不是看菜单点餐吗？」

不是，在这家店，是自己去看厨房今天炒什么菜端出来，然后喜欢就直接拿到座位上。

「好特别喔，我们每次来台湾，人家都带我们去吃餐厅，吃腻了，没有特色。」

他们觉得这样很趣味，很地道。

海产螃蟹、海瓜子等都是一盘120元，炒菜类80元，炒面30元，很清楚，很好计价。我和他各端了两盘，到了位置，他们也邀我一起吃。

夫妻俩不吃鸭肉，于是我们就拿海瓜子，配上九层塔非常香。

接下来是重点了，我常和我们司机伙伴分享：什么是感动服务？

帮客人放好餐具，把免洗筷子和汤匙放在纸巾上，就是细心和感动吗？

不，我不会让客人用这些免洗餐具，我都是早已准备好三个环保餐具袋，里面还有刀叉，一人一包很方便又环保，感觉又细腻，而且里面又各放一个湿纸巾。

一定要湿纸巾，因为吃东西，尤其是海鲜或肉，手黏黏的用面纸擦不掉，有腥味。但用了湿纸巾，很干净，马上除掉那种黏腻感和味道。

看得到，享用得到，内心感受得到，这就是真正的感动服务。

饭后，我去买单，但他坚持要去付，刚刚吃很多小吃，都是我付，这餐他说他一定要去买单。

买单回来，他更惊讶了：「麦可，怎么这么便宜？」

三个人不到五百元，很经济实惠，很有台湾味道，又好吃。

每次来台湾，他们都被招待吃餐厅，餐餐吃得都大同小异，根本没什么差别，这一餐让他真正吃到独特的台湾味道。

「Peter，我发现你很喜欢喝咖啡，巷子前面有家85度，很好喝，刚刚用餐是你招待，这咖啡换我招待。」

我问他是否知道店名的含义，因为泡咖啡的最佳温度就是85度，而且他们的咖啡豆子不错。一人一杯，不贵，又好喝。

接着，我带他们去法鼓山。

「这里要看什么？」他们很好奇。

「看心。」

「看心？」Peter夫妇感到疑惑。

「对啊，我们到法鼓山是看心，待会到朱铭美术馆是『看眼』。」

「这、是什么意思？」

「先不告诉你们，晚点再跟你们说。」

我问他们有什么宗教信仰吗？佛教！那正好，你们待会进去就可以向神明说这一年的愿望。心诚则灵。

「对了！」

「什么事？」他们问。

「待会儿进去，你们都不要跟我说话。」

「咦？怎么了？」

Peter，我感觉今天一整个早上下来，你都无法好好放松，一直接电话，今天休息一下，你来这里是好好享受的，你今天不进公司，公司也不会倒。我希望你可以好好享受这里的宁静，学习这一份的宁静。请相信我。

用眼睛去看这里的一草一木，用鼻子去闻这里的气息，用耳朵去听流水的声音，用心来探索这里的宁静。

宁静是最重要的，未来有一天假如遇到挫折，也许是生活也许是事业的挫折，脾气快爆发时，最重要的就是这种宁静，唯有这个宁静可以真正帮助到你，帮你好好静下心来做决策。

我跟他说我们就两个小时不说话，好好的去体验、去学习眼前的宁静。

我看见他们夫妻俩虔诚地跪在观世音菩萨祈福，逛了许久。当时圣严师父已往生，他们看着师父生前的作品，上到大殿前台，看看风景，看看外海，觉得这里的风水景物都很好，看看那片大水塘，大概是太惊讶了，憋不住话，他忘了我们两个小时不说话的诺言，跑来说：「麦可，这个水塘为什么没有一朵莲花，也没有鱼？」

那片水塘就像一面明镜，静静地映照我们自己。

但我只回答：「你看看你，你话怎么这么多？」

他停顿一下，才意会到我来这里前一直在告诉他的事，他和太太整个震撼不语，眼眶还微红：「唉呀，麦可，原来你是在教我这个禅！」

尤其佛教徒的他，更能体会这个意思。像我在事业上曾面临诸多起伏，所以很想向这样有缘的客户分享，更能体会到师父的这番智慧—

冷静，宁静。

人不动我动，人动我不动。

众流行之中求独行，众有之中我求空。

我想向他分享这个。

「麦可，真的超感谢你的！那我们可不可以在这里再待久一点？」

「不行，因为我们要准备到下一个景点。」

「哪里？」

「朱铭美术馆。」

「那里有什么？」

「那里可以让你们大开眼界，既然都带了这么好的相机，我可以让你们的相机拍都拍不完，拍到的都是美景。」

到了那里，他说要帮我买张门票，希望我也进去陪他们逛。

进去，他们赞叹连连，光是一座太极门的作品，就很惊艳与感动。

我一直帮他们拍照，他们惊讶到说不出话来：「太厉害了！这些作品真的是……」

那天行程结束，他们很满足：「今天真好玩，走了好多路，流了好多汗，吃了好多真正的美食，那我们明天再去乌来看瀑布！」

「啊，」我回答：「不好意思，我明天早上要去演讲。」

「喔，那没关系啊，反正今天也玩得很多很累，睡晚一点，明天下午你再接我们去玩。」

隔天我从早上十点到十二点的演讲，一结束马上去接他们到乌来，然后一路带着他们吃山产、泡野溪温泉、赏美景、喝咖啡。

「麦可，这趟来台湾真的太好玩了！心情很放

松！」

我邀请他们下一次可以全家人一起来，安排两天一夜更好玩，我可以带他们去体验大自然，摘新鲜水蜜桃，感受赤脚踩草地，吸收芬多精，享受真正的放松。

我不只是导游，更是营销台湾，台湾的美和价值，台湾人的人情味和热情就是一大魅力。

人和人本来只是平行线，尤其是不同国家的人，也许本来都没有交集，但是借由这样的接触，借由我用心营销台湾，让他们对台湾有更不同的感触。

台湾之美最特别的，就是在一个的小小岛上，就可以看山看海看日出，看各地特色，品尝各种美食。

我可以带外国旅客，骑上小折脚踏车一起到处逛逛：

到盐水放蜂炮，体验十几万只的火箭炮向你身上射过来的感觉，我会帮客人备齐全套装备。

到平溪的天灯，好几千人一起等待放天灯这一刻，会感动到掉眼泪。

让客人体验种种当下的惊奇，体验文化的深度旅游一这和他们到每个地方，就吃差不多的大餐厅的制式旅游，是完全不同。

严长寿先生给我很大的启发，他说退休后会在台东开个农场，营销台湾的好山好水。

台湾这片土地，有很好的竞争力和价值。

我期待，我们一起来营销台湾，让更多人看到台湾的美。

如果从导游中，让游客领略台湾小吃的文化，小吃的多样美味，在ECFA签定，开放大陆自由行之后，我们不也有更多服务游客的商机？

我只是一个高中补校毕业的平凡运将，没有傲人的学历，也没有富爸爸当靠山。

只是比别人用心更用新，创造自己的工作新价值，甚至领先业界潮流。

相信你也可以！

周小语

转个弯，运将也可以成为城市的欢乐导览，带客人漫游，通往宁静的美乐地！

03 量身订作，只有为你

服务不是在于价格，而是提供「超越」的价值。

「老板，她们三位很想买真正的台湾好茶，我希望你可以好好招待她们，品尝最地道的高山乌龙。」

有个客户请我帮忙，带三位远道而来的日本贵妇导览台北，安排三天行程。游完台北101，第二天她们想买茶叶，于是，我带她们来到兄弟饭店旁的天仁茗茶。

老板请我们坐下来，准备抹茶等小茶点。好茶、好茶点、好气氛，好好放松下来，唯有把心静下来，就可以体会这种品茗的氛围。

我们在里面坐了一个多小时，老板以流利日文服务详细介绍，他解释台湾茶和日本茶的不同。

日本茶重视仪式和道具，茶香没那么浓郁有层次。

台湾茶是闻茶、看茶色、品茶香，饮茶后喉咙产生一股韵味，生津止渴，喝完体内都是茶的香气。

我的三位客人感到很满足，最后也买了很多好茶。

「周桑，明早我们想去中正纪念堂看看。」静子小姐说。

隔天上午，因为前晚玩得比较晚，三位日本客人到十点多才要准备出发。

我跟她们说，那里最有趣的其实是一大早，可以看到不少很特别的台北都市风情，像是很多人在练太极、气功等，而现在已近中午，会非常热，能看到的不多，但是看到她们非常期待的样子，我们还是按原定计划前往。

「我在这个门的位置等，你们出来就可以看到我，行李可以先放在车上。」

我们就这样约定两个小时过后集合，出发前往下两个行程。

结果，不到一个小时她们就跑上车。

「真的太热了，哪里可以买冰淇淋？」

虽然我车上都备有冰矿泉水，但是那天实在超热，三位贵夫人异口同声想吃冰淇淋。

「有芒果、樱桃、可乐三种口味，你们想要哪一款？我问到。」

放眼望去，那附近根本没有冰店，于是她们不可思议地看着我。

「这里就有好吃的冰喔！」我灵机一动，把车子停在旁边的7—11，指着里头说。

可以吃特大杯思乐冰啊！

果然，日本人真的很喜欢芒果，都决定要芒果口味，我买了三大杯的芒果思乐冰，这么大杯只要２５元，三杯还不到一百元呢，花费不多，但是她们很惊喜。

我说是免费招待她们，三人不好意思还买了红茶要请我。

大家喝得很开心，坐我身旁的春子后来还有点头痛，我说：「啊，你喝得太快了，一大杯立刻就喝掉，从很热变得有点冷，难怪会头痛。」她听了不禁笑了出来。

后来，车子驶过收费站时，我付费拿收据，她们问我可不可以给把那张收据送给她们做纪念，我说好啊。

三位女士：

祝台湾宝岛之行平安快乐！

麦可敬上

2008年8月1日

他们看了很感动，很郑重地收下来。

「周桑，可不可以请你先不要走，一起下车。」

后来到目的地，要告别时，三人如此要求，我正纳闷怎么回事，只见他们招来一位路过的小姐，然后站成一列，把我夹在中间，请那位小姐帮我们拍合照。

拍完照，最后还给我一个红包，金额不大，三百元，一人一百，让我很感动，当运将当到拿客人红包，真是对我的用心招待和诚意一种莫大的鼓励啊！

隔天，我接到委托我带他们旅游的客户电话，那间电视台很满意我对他们贵客的招待，「周先生，你帮我们的客户照顾得很好，做了一次最好的企业公关！」对方经理说。

透过这次服务，我和这家公司的客户也因此建立更密切的关系。

尤其能够对观光客好好营销台湾之美，让我非常有成就感！

我常常在演讲中提醒大家：「**服务不是在于价格，而是提供『超越』的价值。**」

当你用心服务客户，对方会收到一份令他难忘的礼物，那份礼物叫做「感动」。

04 三个一致，创造服务口碑

发自内心的几句贴心话，就能真正感动人。

我在捐血中心和董事长、公共营销处开会时，他们突然告诉我：

「周老师，我们其实很早就想请你来演讲，之前我们找很多人来为大家上课，但是他们讲的都是仪容规范，说鞠躬多少度、怎么笑，**那些都是理论，根本不能感动人，那不是真的，都是假的**，只是行为规范而已。」

他们给我的赞美和鼓励，我真的很感谢。

面对每次和学员、读者们面对面的机会，我都非常珍惜，我期许自己是个勤劳的园丁，散播更多种子，让更多人找到自己的价值。我从内心省思自己，做出快乐的价值，把快乐能量带到每个我与别人互动的地方。

曾经有读者问我：「周老师，你愿意跟我说这么多，还愿意指导我这样做，你是不是说的假的？」

我听了哈哈大笑：「我现在就是这样站在你面前，

你觉得我在说真的还假的？」

有多少老师可以走下讲台，和学员这样互动、鼓励，针对个人提出建议？没有！别人谈的是理论，说的是方法。

我总是以自己的服务经验来出发，不是打高空谈规范。如果只是理论，就算强迫自己做出来也会显得假假的，无法给别人深刻的感动。我去年对运将们提出一个口号：「三个一致」——**口号一致，方法一致，行动一致。**

- 每位客人一上车，我们运将开口的第一句话是：「先生、小姐早安，谢谢你搭我的车，为你服务是我的荣幸。」客人一听这句话，感觉立刻大不同。

- 先生／小姐，依我们的专业建议，这条路会塞，那条路会绕一点，但是我不会多收你钱，会比较节省你的时间。客人听了，立刻明白运将是真的在为他设想，真正做到省钱又省时间。我们可以对客人提出这样的分析，因为我们运将的脑袋就像大脑GPS，开车久了只要听到目的地，就可以啪啦啪啦跑出三、四条路线。

- 到了目的地，当我们从客人手中拿到车费，我们会主动拿收据给客人，并说：「谢谢，感恩。先生／小姐，你不要急，我帮你看看后照镜有没有车。」客人开车门的那一刻，再说声：「先生／小姐，祝你今天工作愉快！」

发自内心的几句贴心话，就能真正感动人。我深信这些作法可以把台湾的出租车文化提升起来。

有一次，我主动打电话给台湾某家知名出租车车队，询问对方：「请经理给我一个机会，让我帮你们车队上一堂免费的服务课。」

没想到，对方反而被吓到，甚至以为我是不是别有企图？对方停顿了几秒钟，才勉强挤出这样的答案：「周先生，你不怕别人学你？」

「我不怕啊，我很希望运将都能来复制我！」我这样回答。

真的，我不怕。

他们不懂我的气度，我真的不会计较这个，因为我最希望所有车队都能改变和提升服务，这样我的能量就来了！如果大家都继续闭门造车，以为自己最好，不愿意改变，台湾的出租车文化也就只能停留到这个位置。

从我开始改变服务的那天起，几乎每个搭我的车的人，下车时，都会跟我说：「司机大哥，可不可以给我一张名片？」这句话，就是客人给我的一大肯定。

这种软性服务才是最可贵、最重要的，可不是车上装系统台或是GPS就可以了。我在中央人民广播电台演讲时，讲过这一段服务，大家都吓呆了，很震撼地对我说：「原来服务可以做到这个程度！」

运将们，欢迎大家多多来学习，就算是山寨版都无所谓。

我在训练团队时，最重视运将的态度。早上起来首先就要带着快乐的心情、快乐的能量。

当你越和钱计较，钱就会越和你计较。很多人的出发点不是快乐的能量，而是「计较」的能量，例如，绕路想赚更多；刚把这个客人放下，看到前面有客人，马上把车子切进去，结果反而出车祸。当你的出发点不好，态度不好，客人就会觉得不开心。

主动打招呼、帮忙拿行李、在机场把行李车推好、引导阿伯去搭车……这些都是生活中的小事情，但是千万不要瞧不起这些事，因为当你这么做的时候，热忱就会被引导出来，你的工作动力和价值感就会绵绵不绝跑出来，会让你越做越快乐。你认识越来越多人，人脉更多了，当你需要什么帮助，别人都会乐意帮你忙。

很多人爱抱怨没生意，但是自己整天挂一张苦瓜脸，谁会上你的车、买你的商品？我要再次提醒大家：「**服务别人之前，先把自己的服务做好。**」

为什么没有生意？我从来没有加入任何一个车队，就凭着服务，把生意源源不绝做起来。只有各位能做出「三个一致」，保证有生意。态度很重要，你的服务态度很好，就会有回头客，当你先给别人一种快乐的价值，就是一个正面能量，别人就会有好印象。

05 傻劲是打败逆境最好的拳击手套

所谓的「时间管理」就是目标、计划、执行。

有一次我受邀演讲，主办单位看到我准备的投影片只有六页，就紧张起来：「老师，你的讲义只有六页，这可以讲两个小时吗？」

「你放心，等我讲了，你就会知道我的内容。」

我的演讲内容不是教条，都是真实的故事，都是能够感动人、激励人的例子。在内湖科学园区的那场演讲，我说了这个故事，台下学员都全神贯注，我发现有人偷偷拭泪……。

那是我在麦当劳打工的时候，每晚做打烊班的清洁工作，三个小时可领三百五十元。清洁环境时，必须请客人从一楼移到二楼，当时有一对年轻男女坐在那里，我客气地请他们移位置：

「先生小姐，不好意思打扰你们，因为我们一楼要打扫，我已经帮你们在二楼打扫好一个好位子，可不可以请你们移到二楼，二楼是营业到十二点，十二点以后就要请你们移到外区，因为一天只有这个时候可以做清洁。」

他们看着我，净是冷漠、鄙视的目光。

那种目光就像针，他们瞪着我，我心里又痛一次。我觉得自己也是有能力、有成就的人，为什么要被他们这样歧视对待。

但转念一想，就把这当作修练，这些目光可以训练我的气度，让我的气度、能力和成就可以真正变好。而且还能锻炼我的精神免疫力，练久了，免疫力变好，日后如果再受到这样的目光，我也不会再受挫。

那段时间，是我最低落的时候。当时我遭受伙伴的背叛，他们偷偷带走公司资料，拉走客户，让我受到非常大的挫折。

我的恩师劝我要学会放下身段，所以我决定到麦当劳打工，我答应恩师一定会做满一年，真正学会归零、重新开始。

但是，「放下」谈何容易？

当时的我已经上过许多媒体，有些知名度，我知道自己是有能力的人，当我拿起扫把抹布做清扫工作、被那些人鄙视时，真的很难受。脑海中所有的忍耐念头都没了，整个脑袋只剩一个字：逃。

好想逃。丢掉扫把，逃吧！

我只想做个逃兵。

尤其那一晚真是好巧不巧，我竟然对那两个年轻客人连赶两次。先把他们从地下室换到楼上，后来十二点又得去赶他们。

第一次时，他们质问我：「你们这里不是二十四小时营业，怎么可以赶人？」

「真的很对不起，这是我们主管的规定，因为我们一天只有这个时间可以清扫这个地方，我们楼上其他地方是有继续营业的。」我很客气解释。

但等到第二次我又得去赶他们时，他们气得直瞪我，包一收，气呼呼走了。最让我难过的是……，他们脸上不是生气，是不屑和轻蔑。

那位男人明明很年轻，神情却非常骄傲。我当时大概又是热忱作祟，竟然就拿张纸巾，在上面写自己的名字和电话，走上前跟年轻男人说：「你们好，真的很对不起，今天连赶你们两次。

这是我的名字，你可以去上网查，就会知道我是谁，也会知道我为什么在这里做清扫工作。这对我来说，是一个很重要的学习。」

如果问我当时为什么要这么做，我想是因为觉得这个年轻人是好人，是可以被点醒的！

严长寿先生常提及「无可救药的热忱」，我想我可能也有这种症状，我心里有满满的热忱，一件事情又可以勾起我一项项的热忱。

这件事隔了一年多，就在我几乎忘记这件事的时候，去年年底我突然接到一通陌生电话，才发现：「那个年轻人后来还跑回店里好几次，就是为了找到我。」

原来，那个年轻人真的上网查我的名字，马上吓一大跳，他惊讶地告诉朋友这件事，朋友都骂他：「你看，人家是鼎鼎大名的出租车司机，你当时竟然这样嘲笑他！」

电话中，年轻人提到自己研究所毕业后，现在在某家知名房仲公司工作，但是老遇到很多状况，很不顺，一直无法克服。

「周先生，我……可以和你谈吗？」年轻人支支吾吾。

「好啊！」我立刻回答。

对方反而像是吓愣了。他提到自己当时上网看了我的数据，很惊讶我可以这样完全归零，真正做到放下身段到麦当劳工作，他觉得换作是自己，一定无法做到这样的改变。

我主动问他的工作地点，马上和他约定时间，隔天就到他公司和他当面聊聊。

车子驶进淡水这条街，我真是大吃一惊——这条街满满都是房屋中介，六大品牌全聚集在这里。我问他平常如何向客人自我介绍，他脸色一正，温和有礼地说：

「你好，我是XX房屋中介的品佑，刚从研究所毕业，请给我一个机会！」

同时，他双手奉上个人简历，上面介绍他的学历、经历等等。看见这个年轻人这么认真，我真的满佩服对方，这个年代的年轻人很少有这种胆量啦。

「你的困境是什么？」我问。

「我毕业后来这里工作已经半年，可是只成交两户，我真的很想成为业绩第一名，却一直无法突破，找不到方法。」

我询问他们店是不是有区域性？上下班时间？

「我每天早上九点就到公司，晚上十一点才会离开，我真的非常认真，但是一直没办法。」

我点点头，能够体会他的确是拼劲十足。不过，从淡水到竹围，房仲业的密度这么高，竞争实在很激烈。

我满欣赏这个年轻人的积极和勇气，脑中一想：对了！在这个饱和度这么高的地方，究竟要困在这里竞争，还是向外拓展？

「你家住哪里？你可以利用晚上六点的时间去环南市场发宣传单。」我提议。

「环南市场？」

年轻人不敢相信。我猜他一定非常怀疑，为什么是环南市场……那种地方？

「环南市场是全台北区最大的批发市场，你不要小看那里，那里有很多有钱的批发商。你要试着开拓市场，不要只陷在这一带。」我解释。

「你在那里发宣传单发一年，如果真的都不成功，我陪你去发宣传单都没有问题！而且一定要趁他们准备休息的那个时间再过去，恭恭敬敬把宣传单交到他们手上，这样最好。」我继续说明，我发现他的双眼炯炯有神。

心里越慌乱，根本无法做好规划，因为他一直没有把目标划分清楚，其实他可以大胆地放大市场，给自己一个目标。先设立三年后的标竿，许下心中的罗盘，做好时间管理。

所谓的「时间管理」就是目标、计划、执行。设定标竿之后，告诉自己三年后一定要成为公司的第一名房仲，为自己安排执行方式。

「你如何做好『服务的感动』？」我追问他。

「咦？喔，就是……」他想了想。

算了，我问他这个比较具体的问题：「比如说，台风快来时，你会怎么样？」

「喔，会啊，我会用电话和短信来提醒客户，跟他们说『李小姐，台风要来了，记得关好门窗喔』。」他讲着，嘴角都在微笑，好像自己也觉得满感动的。

「错！」

「咦？啊？」他百思不解，惊讶地看着我。

「那不是感动的服务，那是感觉的服务、普通的服务。」

「可是……」他开口似乎想再解释。

「真正的感动是，你一知道台风要来，就赶快去量贩店买好十几组封箱胶带、蜡烛、水电筒，用塑料袋一袋袋装好，然后才打电话给客户：『李小姐，台风要来喽，我知道你工作时间很长又很忙，请给我一个为你服务的机会，让我去帮你家的窗户都贴上胶带，这样比较安全，好吗？因为我怕你站高会跌倒。』」

「啊……」他瞪大眼睛和嘴巴，非常惊讶。

「一只小手电筒装上两颗电池，才不到三十块。一支蜡烛不到十块钱，一卷胶带也不到十块钱。这包塑料袋其实不超过五十块，但是却能真正服务到你的客人。」

「搞不好，那天她丈夫刚好出国，家里有小孩，她既没时间、也不方便做这些防台准备，你这个小动作，会让客户很有安全感，

「台风过后，再拨通电话：『李小姐，对不起，那天贴胶带有点乱，请再给我一个机会，我去帮你把胶带撕掉。』」

我向他这么解释，他惊叹连连。

把事情做到好，并不难；把整个服务流程做正确，也不难。但是如果你能做到这「一分的感动」，就够了！客户会记得你这份令人感动的服务。

在客户面前，你要把自己当作谁？

你必须告诉自己，你是客户的地基主[①]，所以你要好好服务，好好看到客户的需求。

在环南市场发一年的宣传单，因为那里有很多真正有钱的大老板，却不太常受到重视。你在那里发文宣，所有人都会认识你，既然你这么认真写自传履历，就每天花两个小时去那里发宣传单，就可以开拓市场。为什么不做？

众流行之中，你要创造独行，你才会成功。根据我的观察，至今还没有人做到这个程度，所以如果你想到了，也做到了，你就比别人多更多的机会。

「你们这里一排就有六家房仲，只要你敢这么做，你就和别人不一样。」

「哇，这……真的……。」他有点哑口无言。

「年轻人，越**年轻遇到挫折，越好！因为每次的挫折，都是重新建立自信心的好机会**。我很恭喜你，这么年轻就碰到逆境。」

我邀请那个年轻人来听我其他场的演讲，接下来，就看他自己是否能坚持目标了。想要成功，就必须有坚持和续航力，才能有真正的成就。

其实对当时这位年轻人来说，我不是什么运将演讲者，我是一个在麦当劳拿扫把扫地的人，在我放下内心自尊、扫掉心中的垃圾时，我面前的年轻人脑子里却是满满的垃圾，面临事业的大困境。

①地基主：台湾地区民间信仰中守护住宅、房舍的神。

日后我碰到别人询问要买房子，都会介绍那个年轻人去认识，让他多一些服务客人的机会。其实这么做对我自己并没有什么好处，我是一个运将，不是为了赚什么抽佣[①]，但是我真的很愿意给这个认真的年轻人更多学习机会。

不是历史在写世界，是傻瓜在建立世界。都是我们这样的小人物凭着一股傻劲和冲劲，努力往前冲，创造了真正的历史，所以我很想鼓励这个年轻人去挑战逆境，越早挑战逆境越好，当个逆风船的船长，就可以把帆张得更大！

这张帆是你自己的方向，请先设定GPS，有了明确的方向，就会有清楚的标竿，而「机会」就是那阵风，风来的时候你一定要牢牢抓住，稳稳航向你的目标。

困境，无法困住一个想要的突破、奋力展翅高飞的灵魂。

①抽拥：在一项生意中提取一定比例金钱作为报酬。

06 做生意，请从做义工开始

让人和人产生一个美好的互动，对于从事营销、业务，或是服务业，都是有意义的事。

金融大海啸离开……了吗？

这是我近来在演讲之后，从听众响应中发现到的深刻感触。

写这本书的此刻，金融大海啸的恶梦看似已远离，但是在一般老百姓心中，其实并没有完全消除阴影。

经济尚未完全复苏，即使是目前有工作的人也有很多不确定感，精神承受压力，时常担心着：「如果再来一次金融大海啸怎么办？」我总是借着每次演讲来提醒大家：

最近为某家人寿公司演讲时，主办单位希望我可以提早到公司，先帮一群同仁做辅导。我当天非常早就到当地车站，经理来接我时，我特别请他先载我到公司附近的早市。那位经理疑惑地看看我，大概以为我要去买早餐吃吧。

我笑了笑，没有多作解释，因为我要到早市出一趟神秘任务。

到了团体辅导时间，我问他们平常上班时间。

「从早上八点到傍晚六点。」他们回答。

「也就是说，你们只在这个时间创造自己的价值。」我说。

咦？我听到台下的他们一片惊呼。

「你们楼下有个很热闹的早市？你们在这里工作这么久，有谁知道哪摊生意最好？」

这个、那个、有什么关系吗……台下传来这样的小声讨论。

「摊子生意好必定是因为他的口碑好，没有人可以抢过他的生意，代表他能力最好。牛肉、鸡肉、海产、衣服、五金类的摊子一定会各有一个生意最好的摊子，这样随便一举例就有五摊了，你们在这里工作了两年，你们知道哪一摊的生意最好？你们认识那个老板吗？」

我这么一问，台下的人脸都绿了。我拿出在早市买的二十几串玉兰花，分享给大家，想给他们好好来个醍醐灌顶。

早上我特地到早市进行神秘任务，就是为了观察早市。我发现很多从事营销、业务工作的人都仍然在局限自己，只利用早上八点半到晚上六点这样的上般时间努力工作，因为他们在计较他的价值，计较工作时间，计较收入，为何不利用其它时间来做业务?

那天我是第二个进他们公司里，我发现公司环境整理得非常整洁，厕所也很干净，成立两年的这间公司平日有细心维持，我思考可以从这个方向来讨论，让他们可以从「点」的完美、到成功的「面」。

「我要你们做一件事，在这些摊子每天作好生意的时候，你们穿上公司的背心，帮他们扫垃圾。寿险业也是一种服务业，你们可以从做义工的过程中，建立功德，累积自己的价值。你们可以对摊商阿伯阿姨说公司从晚上六点到九点，有义工帮他们小孩做免费的家教辅导功课，还有冷气吹。」我给他们这样的服务提示，他们都瞪大双眼。

「给摊商这样的讯息，可以让他们更认识你。这些摊商工作很辛苦，一大早忙完早市又要去黄昏市场营业，没时间顾小孩，你们帮他们照顾小孩，他们知道小孩是待在你们公司里会很放心，知道小孩是在这里好好念书。他们做生意一辈子都是在做买卖，但是小孩子是卖不出去的非卖品，这件卖不出去的东西就是他们这些老板最重要的宝贝，所以如果你们把他们小孩带到公司来读书、辅导课业、办读书会、投入小区义工，完全不收费，也请一些讲师来帮忙，就是很好的功德。」我解释。

「老师，这样做是不是有什么目的？」有学员举手。

「没有目的。」我说。

「啊？没有目的？那我干嘛……？」

「是为了『启发』。」

是的，这是最好的启发。让民众看到你们公司的文化，认识你们的品牌，提升形象和印象。

这绝对比你们穿着公司制服从第一摊到最后一摊不断发名片更有用，因为发名片只是无聊的商业行为，别人印象不深刻，而且在大家都猛发名片的时候，根本对你们没印象，他们如果要选择，当然是选一个可以感动他们的人。

「对了，你们有参加读书会吗？」

结果满满一群学员，只有两人缓缓举起手。

「是哪里的读书会？什么性质？」我问道。

「是台中的读书会，请大学老师来讲课。」这两位回答得颇有自信。

「为什么？你们为什么不『自己』办读书会？为什么一定要去参加别人的读书会？这明明是你们「自己」就可以做的事。」

「老师，那很难耶！」学员此起彼落回答。

不，这些事情一点都不难。是大家不愿意去试、去做而已。从人与人的互动，可以提升我们服务的质量，

既然是从事业务性质的工作，如果你们愿意针对小区举办读书会，找五、六位老师担任义工来演讲，就像我自己就很乐意做这样的心得分享，完全不谈保险和公司营业项目，就是单纯地鼓励大家。

多利用晚上时间，小区和摊商有空了，就来做这样的演讲，邀请小区人都来听。同时针对摊商和小区内的小朋友做课后辅导。想要在一个陌生地方工作、推广商品，你可以站在不同的角度、多试试不同的方法。

读书会是一个很好的议题，可以抛砖引玉，让别人

认识到你们的细心和用心。如果这个方式能够成功，我也愿意继续支持你们。

用「永续」的态度持续经营，你们可以把这个模式继续复制到周遭的小区、工业区，以后也可以参与家长会，更加延伸人脉。当同性质的公司还停留在发名片的阶段，你们已经真正深耕小区。

「可是……老师，做义工好难，我没有那个热情……。」某个学员一开口，其他人跟着纷纷附和。

「你住哪里？」我问道。

我了解到这位学员每天平均要花一个小时的车程上班，每天都要这么早起，听起来确实没时间做义工。

「没关系，你只要在早上多花一个小时的时间，去附近的小学做导护义工，主动去问学校『给我一个小时好不好？请让我做义工。』做好义工再来公司，时间绰绰有余。」

我常常觉得很多人都还没踏出第一步，就先在心里筑起第一道墙，这样一来所有事情当然都没办法再继续。只要先**从一个很细微的小事情去做**，慢慢地小爱就会变大爱。人生必须经历这段才会精彩、完美，才能从优秀到卓越再到精彩。

人和人的相处留下一个美好回忆，这是最棒的事。

当义工、做公益、办读书会、举行课后辅导……，这些都是为了让人和人、人和小区交朋友，产生一个美好的互动，对于从事营销、业务，或是服务业，都是很有意义的事。

Part 4

微笑，是最好的香水——鸡婆运将，北京开讲

01 那天，看到不该看到的东西

你越和人计较，别人就越是要和你计较。

「老师，我今天带你去簋街！」

「啊？」我吓一大跳。这……不会吧，我们不是要去分享服务，难道今天分享的对象是……？我疑惑起来。

「老师，簋街就是你们台湾人说的夜市！」

北京的助理莎莎向我解释。喔，原来如此，我松口气。

「走，我们去吃羊蝎子。」

「啊？这么大的蝎子我可不敢吃啊。」我紧张一下。

「老师，你错了，是把一只羊的肉都去掉，剩下骨架，就像是一只大蝎子，所以我们就叫羊蝎子。」

没多久，服务员送来一个大锅盆。我又吓一大跳，我们就两个人，而且待会四点半儿要去演讲，吃这么多不好吧？！

不过这滋味尝起来真是美味，有点像是药炖排骨的感觉，而这是药炖羊肉排骨。

内地称「厕所」是「卫生间」，我询问服务员卫生间在哪里？服务员礼貌回问：「请问是哪位要去？」我回答是我，于是，服务员拉起嗓子，来了段详尽说明：

「您先左拐，再左拐一道胡同，接着再左拐，就会看到卫生间。」

零下二、三度的寒天，我披上大衣开始左拐右拐，终于走到卫生间的时候，不禁傻眼。

千万别误会了，这里绝不是什么茅坑、一条沟之类的，有抽水马桶没错。

但……没有门！

我独自站在卫生间里，耳边是呼呼寒风吹，我想起很多人问我：「周大哥你帮助这么多人，你到底在求什么？」

我对自己笑一笑，想起我总是回答别人：「**当我帮助别人的时候，自己的心胸也会开阔许多。**」

真的，这就是我的心情。经历过这么多挫折和伙伴背叛，我真心感受到人真的不要太计较，格局放大一点。

你越和人计较，别人就越是要和你计较。

你和钱计较，钱就会和你计较。

佛家说「观自在」，就是要我们时时观照自己有没有自由自在。

四把钉子的启示

那天，我们到「一汽大众」演讲，这是全北京最大的汽车公司。听说董事长也会亲自来听我演讲，让我很期待。

舒适、宽敞的大厅真是大得惊人，客人不论是来看车或维修，都可以在那里坐着等候，不论是喝咖啡、看报，或休息一下，服务员都会过来问候，提供很好的服务。

我问经理，公司一个月会卖出多少车?

「一百五十部。」

我很惊讶，这真是个不得了、简直令人起鸡皮疙瘩的数字。我认识台湾一位很优秀的汽车销售员，即使是他，一年销量也不过二百台。这个厂光是一个月就能卖这么多辆车，是很厉害的。

「车子很好卖！」我赞美。

「车子好卖，但车子难交。」经理回答。这句话让我很疑惑。

原来因为汽车需求很大，所以交车平均要等三个月，消费者买了车，还要排队才能拿到车。

经理带我参观整座厂，保养区、板金区等等都绕了

一遍，参观之后，正要往外走，却让我捡到一个不该捡的东西—

地上有根长铁钉。

我捡起来，低声说：「黄经理，这个东西是不应该出现在这里的。车道上不应该有这个。」

黄经理一看到我手上拿着的东西，脸就红了。

照理来讲，黄经理这时应该要顺着我的目光，赶快检视四周还有没有这些「异物」，但是竟然又让我在旁边捡到四根铁钉，我一一捡起来，黄经理已是哑口无言。

走进演讲台，我站在台上演讲，董事长已在最前排坐好，准备听我演讲。

「我是周春明，很高兴在这里演讲，我从台湾回到内地，希望能透过这次学习交流，让大家可以**把服务做得超感动**。周老师说话比较直，如果有什么批评，请大家包涵。」

接着，我说道刚才在车道上，出现的四根铁钉。

董事长的脸马上沉了下来，现场原本热烈的气氛，瞬间掉入冰点。

我赶快说：「各位，**这是一件好事情，请不要这么忧伤的脸。因为这件事，让我们发现管理、控管松掉了。**」

这是件好事，绝对不是坏事。我从这个角度切入来谈谈管理这件事，让大家知道如果要来这里工作，就是要正经八百、绷紧神经，真正认同这个环境，因为这里让我们可以有口饭吃，我们应当把公司看成生命的共同体。

我介绍了很多超感动的服务，大家的响应都很热烈。演讲时，因为我的个子比较矮，高个子的董事长还自动来帮我翻简报，真的让我好感动。

到了进行问答时间，黄经理问：「您提到细节很重要，那么服务当中的细节力是怎么做到的？」我问黄经理：「请问你一个月要交一百多部的车给客人，你是怎么交车的？」

「我依照公司的4S服务流程，把车交给客人。」他抬头挺胸回答。

这个回答听起来完全没错，但是我很不满意。

「不，**这不是「感动」的服务，这是「感觉」的服务。你这样做好像只是为了把车送出去而已！**」

那可以怎么做？

我给「一汽大众」的黄经理这个点子——

交车时，你可以先到书店买个红色的信封袋，上面附一张红色小卡片，亲笔写下：

（亲爱的王董，您的爱车就是我的爱马，我会一生一世地照顾它！

一汽大众，黄某某敬上。）

同时赶快从口袋拿出一个红色小蜡烛，千万不要拿到白色的。然后把红蜡烛双手奉上、交给对方：「王董，这是我送给您的平安灯，希望您开车时一路平平安安。」

「这就是『**一分的感动**』，你的客户会将这感动好好放在口袋里，永远记得你。如果你交一百台车都是这样处理，你们一汽大众不只是北京车业的第一名，很快就会是全中国的第一名！」

我用这段话，回应黄经理对**「服务的细节力」**的困惑。

陈董事长笑得很开心，掌声非常热烈，当晚邀请我吃饭，彼此有聊不完的话题，更当场邀我：「下次来北京，一定要告诉我，我把公事都挪开，一定要听你演讲。」

我从来没想过自己这样一个运将，竟然有这么一天可以来到北京演讲，有这样的视野。把台湾的感动服务带到北京，和这么多人分享。

02 在面店看彩带舞，我笑了

它是一种用真心、用朝气、再加几分创意所调理而成，通常我们称它为「好服务」。

北京演讲的七日行，除了让我见识到听众们的热情，体验到不同的民情文化之外，对我而言，也是一趟大饱口福的美食之旅。

如果各位有机会去北京，除了全聚德人潮爆满的烤鸭，一定要去试试「小肥羊」，他们的汤头非常甘甜美味，中药的香气令人难以忘怀！

还有把面食做出十六种花样的「面乡」，里头有荞麦等各种麦做出的面条，佐以独特的酱料、汤头，对于喜欢吃面食的人来说，这里简直就是美食天堂！

如果，每一家有美食的店铺，能在好吃的美食之外，再加一味调味料，就更加完美，令人难忘了！

它是一种用**真心、用朝气、再加几分创意**所调理而成，通常我们称它为「好服务」。

这趟北京行，让我感触很深，看到了极好的服务，也碰上很坏的体验。

在北京吃饭，有几次都是东西好吃，但服务不好，让我觉得有些可惜。

「老师，今天我们带你去体验海底捞！」出版社的莎莎和玉鸣说。

「是海产吗？」这名字令我想到台湾的海产店。

「是火锅！」

看到两个小女生，出发时显得特别的high，我心想大概食物又更加美味吧！但火锅就是火锅，有那么值得高兴吗？

到了「海底捞」，生意真是超好，等待区的「奇景」，让我看得目瞪口呆—

两位出版社的女同仁，立刻弃我而去，赶去一旁。

做什么？

彩绘指甲！

有专人在为一堆小姐太太服务，而且统统都不用钱！怪不得这些女客人，在这边等候，没人喊无聊、等好久，每个都笑得像花一般灿烂！

而一同来的男人和小朋友，也有事可以做—在那里的「下棋区」下棋，来一场二人斗智的「车马炮」！

如果想去卫生间洗手的话，里头不但窗明几净，还有服务生会递上湿纸巾给你擦手。

终于等到入座点菜了，服务员还会提醒：「这道够了，您会吃不完。」

这家店服务极好，在点菜和用餐过程，只要刚举手，服务员马上就过来，不是其他一些店家可以比的。

大伙快吃完的时候，眼见锅底还剩些汤料，这时会有一位帅帅的男服务员走上来：「我替您做『桌边服务』。」

接着，就见他十分灵巧的把面条像彩带般，在锅边走道上又拉又扯，变成约手指头般粗细，有时几乎快碰到客人，但是男服务员一拉，又弹回来，简直是在跳彩带舞，整个表演非常绚丽，充满惊奇。下到锅里，刚好可以让面条吸足剩下的锅底汤汁，所以那锅面也超级美味。

这家店真是太好了，有服务，有美食，又有惊奇！

「师傅您一天大约表演几锅？」我好奇的问。

「一百多锅。」

「难怪您身体这么好！」大家听了都笑了。

据说这些师傅都必须训练半年以上，才有这般好身手，只要客人有点锅，师傅最后就会来做这个服务和表演。

「这家店如果是开在台湾，就太棒啦！」我转头跟出版社的大陆女同事说：「莎莎，干脆我在台湾开这家店，送你先到这里受训半年，然后你再过来台湾表演就叫做『陕西西施捞面师』，生意一定红了！」

「老师你不要开我玩笑，你们的西施不是都穿很露吗？」莎莎笑说。

捞面吃到一半，两个女生又说：「老师，我们女生就是爱漂亮，我们可以再去修修指甲吗？」

「行，快去吧！」

过不久，只见她们笑盈盈的回来。

「哗，你们这指甲真是闪亮到我睁不开眼！」我故意开玩笑亏他们。

好吃的料理、有特色的料理、好的服务、好的用餐空间，这些都是一家好餐厅的必要条件，如果再加上「贴心」、「有创意」的服务，这就是令客人留连忘返的蓝海。

03 你有带微笑牌香水吗

微笑是最好的香水，因为笑容充满感染力，当你自己快乐时，会让周遭的人也感染到你的快乐。

踏上这个演讲台前，我知道听众们都在质疑我。

「为什么是『这个人』来培训我们？我们为什么要听他演讲？」

台下的听众都是北大、清大等中国名校毕业，拥有良好背景，在抢破头的微小机会下，凭着自己的优秀能力得到在国营单位中国化学公司工作的机会，这是非常难得的事。

我很清楚他们对于像我这样「无资源无资金、四十二岁退休的出租车司机」，一定很不服气。

没关系，服不服气不是我在意的事，我在意的是能不能够感动他们、启发他们？

踏上台，我用「微笑永远比香水更香」这句话，立刻吸引住他们的目光。

微笑是最好的香水，因为笑容充满感染力，当你自己快乐时，会让周遭的人也感染到你的快乐。我以在机场停车等客人下飞机的状况为例子，谈到当我笑容满面、主动把散乱的推车一一停好，结果一旁有妇人看了，也跟着我这么做，这就是感染力，微笑永远比香水更香。

台下的优秀听众们看到我的平实作风、穿着也平实、身段都很柔软，但是讲出来的每个服务故事都很感动，能够触动他们的心情。他们发觉原来像我这样的平凡人，也能做出这样不平凡的成绩。他们听完演讲的心情都是：

「如果我们中国化学公司也能有像周老师这样做事情的态度，和做事热忱，那我们中国化学就会更不一样了！」

「对周春明的看法完全改观了！」

「现在终于真正明白：计较，是贫穷的开始。」

「发觉自己平常计较得太多了，连早晨上公交车都要计较谁上得快，连谁打卡打得快或慢都要比，工作时老想着自己就是领这二千块人民币、干嘛做这么辛苦……每件事都可以拿出来计较。现在听了周春明的演讲，才明白：原来真正的服务不是在计较，而是把服务放在最前面。」

听了演讲，还有听众就豁然开朗，开始想：「我学历高并不代表什么，干嘛这么计较？」他们醒悟工作的重点是在于：「服务有没有提升？态度有没有正确？」」

我鼓励他们多多去眺望人生，人生不如意十之八九，干嘛要把那些不快乐带到公司、带到这个国家？为什么不去多寻找那个快乐「如意的一和二」？

你的笑容就是最好的香水，笑容具有最大的感染力，别人会想靠近你，乐意和你在一起，这时候你的能量就来了，这就是快乐的价值。

告别枯燥，寻找「一分的感动」

「老师，可是我的工作就是这么枯燥，每天都是重复做同样的事，我怎么快乐得起来？」台下，有人这么问。其他人马上点头附和。看来这个问题就是现今多数人的盲点。

「你从早上出门到现在，有没有把『一分的感动』放在口袋？」我回答。

「啊？一分的感动？是啥？」

总是觉得生活很枯燥，每天早上睁开眼睛就觉得提不起劲？

如果你总有这种感觉，那么你今天从出门到公司，沿路上，有没有把感动收进来？有没有把热忱提炼出来？这是每个人都可以创造出来的东西，你也有，我也有，你为什么不拿出来运用呢？

我对他们谈起那天我在基隆搭火车时，看到一个阿

伯慌慌张张独自站在月台上。我主动过去询问，才明白阿伯不识字，又是第一次自己搭火车，实在不明白要搭哪班车、在哪里转车？搭车、换月台、转车这些事搞得他非常紧张。

「阿伯，你不用紧张，你待会儿跟我上火车，到了你要转车的站，我会跟你说。」

阿伯听了我的话，好像稍微松口气。

上了火车，阿伯担心地把票紧紧捏在手里，我提醒他这样会弄丢车票，赶快把票收进口袋。到了阿伯要转车的车站，我提醒他待会下车后，换到另一个月台，看到那个戴帽子的车长，就把车票拿给他看，请车长带他上另一列火车。

我仔细提醒阿伯，阿伯才终于放下心。看见阿伯稳稳下火车、准备去转车的背影，我也感到很开心。

这件事，就是属于我今天的「一分的感动」，我把这一分的感动结结实实放在口袋，心里很满足踏实。一年有三百六十五天，请问你今天这一分的感动在哪里？

你一定要去寻找、去创造这些小小的感动，同时好好收进口袋里，当你沮丧的时候、怀疑自我的时候，就把这分感动拿出来，鼓励自己。

我只是举手之劳帮阿伯一个小忙，但是对于阿伯来说，他会觉得受到及时的帮助，如果他能觉得「今天遇到好人了，很开心」、「这个世界原来有这么多热情善良的人愿意来帮忙」，这就是我们的价值啊。

再名贵的香水也只能香几个小时，但是笑容可以持续一整天、一辈子，连最后进棺材也要笑，人家说生是哇哇哭着来，那么走的时候干嘛还要哭，就要笑啊！

用正确的态度去面对工作，你就会发自心底看到热忱和价值，很快地，满满的工作动力就出现了。用这样的正面想法来看待自己的职场未来，你可以随时随地、设身处地自动不断去思考：**「我可以为别人做什么？」**

每天起床的时候，我都会**自问三件事：**

昨天发生了什么事？

现在我在做什么事？

未来才会成就那样的事。

04 我的人生是主动出声

我不需要别人给我掌声来感动我的生命，我的人生永远是主动出声。

「人生没有彩排，唯有细心安排！」

演讲后许多人围着我要签名，我都会仔细为每位读者签上这句话。这句话是我深刻的体悟，也是我给大家的鼓励。

没想到我在北京演讲时，听众们看到这行字，却是这么赞叹：

「周老师，这真是太厉害了，原来我们五千年的中华文化是这么好，繁体字真是太漂亮了，我们的字真是简得太多啦。」听到他们赞美台湾，我真的很开心可以营销台湾。

到了北京，我们首先着手修改教材，为了让大家看到文字就立刻明白，除了把繁体字整理成简体字，也把一些用语润饰成他们熟悉的用语，比如像「奥客」是闽南话，就做一些修饰。

那天在公司，我和一位来采访我的记者聊到「五只昆虫」和「一块钱的故事」，我强调：「在公司里我们可以主动问别人，有什么我可以帮忙的？」

当时我没注意到异样，直到记者离开后，公司助理赶快来问我：「周老师，你刚刚和记者讲了什么？为什么他眼眶红红的？」以下便是我与那位记者谈的内容

这次北京行是我第一次到内地，许多惊奇，许多感动，也有许多有趣的事，单就吃饭这件事就很有意思。

当服务生的脸像臭豆腐

北方面食是出了名的美味，不过这一天，我特别想吃饭。公司问我想吃什么大餐？我赶快摇手说不用，普通的就可以了。

「走，老师，我们去吃一品三笑！」君风说。

「一品三笑？」我对这个名字很好奇。

「这个店名的意思是说，用了我们公司质量，吃了餐厅的饭，认为不错，心里会有一笑。体验到我们的服务流程之后，觉得非常好，会再发出一笑。离开前，会对我们会心一笑。这就是这家餐厅名称的含义。」

听了君风的解释，让我对这家店更好奇了，我相信这家店一定是对自家质量极有信心才会取这个名字。不过，推开餐厅门的那一刻，我真是傻眼—

这家店果然生意很好，柜前挤了满满的人，店里吵

吵嚷嚷，很多张桌子上的碗盘都还来不及收。

我心里纳闷：这和店名差太多了吧，这样也敢叫三笑?

我点了宫保鸡丁，约台币四十元，很便宜，的确给人物美价廉的感觉。

不过……

我们都已经点好菜，却一直没有人来收桌上的碗盘，同行的公司助理频频喊：「服务员，赶快来收，我们都已经点好餐啦。」

喊了好几次，服务员终于来了。

但是……他的脸，却跟我们的臭豆腐有得拼一很臭。大概是工作量太大的关系，服务员的脸色和店名完全无法相连。吃了饭菜，东西确实是不错，现炒的鸡丁配上四季豆口感很好，会让我想笑一笑。

可是……这样的服务方式，实在会让客人看到店名就想耻笑。这种的服务流程，当你体验过，便觉得可笑，而不是会心一笑。

可惜啊！我又不由自主在脑中盘算起来……

这家店应该如何改善服务流程？服务员应该怎么提升服务质量?

饭后我们逛鸟巢、水立方，看到满地垃圾，我那无可救药的热心和鸡婆个性又跑出来了，西装外披着大衣的我，就……当场蹲下来满地捡垃圾。

「啊！？」

一旁的助理君风看了睁大眼，「周老师，您这服务不用做成这样吧？」

「不行啊，我看见这样就会手痒，忍不住就想动手整理。」我说。

「可是……，这样怪怪的。」君风虽然这么回答，但是他看我这样继续捡，也跟着加入我的捡垃圾行动，二个人就在寒风中，弯着腰把垃圾捡到垃圾桶。

我们走进鸟巢，看着庞大的建筑物，令我们颇为感慨。在这座壮阔景致中，有件事情一直让我非常挂心，我看着坐在身旁的助理，问他：

「君风，我们坐在这里，是要看什么，你知道吗？除了看这个崭新的、非常大的建筑物之外，还要看什么？」

君风转过头看我，满脸狐疑。「老师，你在想什么？」我看着这个震摄人心的建筑，闭上眼，试着想象一幅画面——

「我在想这么大的舞台，如果有一天里面坐满了人，而我可以站在这里为大家演讲，那是什么样的感觉。我也希望有一天你可以成为这样的人，拥有一个舞台。小丑不是小丑，英雄不是英雄，我的人生不需要别人给我掌声或是感动的鼓励，我的人生永远是主动出声。」

君风脸上除了狐疑、困惑，还有些悲伤。事实上，这几天以来，我注意到他似乎一直若有所思，好像有什么苦恼困着他。所以我的鸡婆个性又来了。

「君风，你知道我为什么对你说这句话？因为你是个有能力、成就的人，我知道你受过很多委屈，过去的事就不要再谈吧，我们就来谈谈现在你要做什么。你的学历很高（三十多岁的君风是知名大学毕业，由于做生意失败，现在到出版社当经理），但是不要再把过去的面具和包袱扛在身上，一直走不出去。」

站在鸟巢，看着宽阔的跑道，可以明白每个运动员努力这么多年都是为了一个目标、一个金牌而努力冲刺。有人奋斗了十年，就为了那四百米的冲刺，想得块奥运金牌。整整十年的奋斗啊！真正的成功是给准备好的人，鸣枪之前，没有人能想象最后的胜败，鸣枪的刹那，大家就必须勇往直前。

「你知道老师为何要在这里对你说这句话，虽然这里很冷，但是老师想在这里送你一句话—希望下次我再到北京时，你也写了一本书，真正走出自己的负面回忆。」

那个场景、那个氛围、那个感动，让我忍不住用这样的方式劝慰这个年轻人，君风静默好一会儿，我明白他正在反思这句话。

后来君风带我逛了很多当地特色，其中有家面店

「老北京炸酱面」，我们在服务员声调上扬的招呼声「来了您，两位！」中，很豪迈地用海碗吃炸酱面，感觉特别有北方味。

我觉得去餐厅吃大餐没意思，反而喜欢到这样的小馆子，吃点小东西，看见当地生活水平的提升，让我很感动，我更加省思这个问题：「自己能做什么？我们要如何做，才能把服务做得更好，把整体服务都提升上来！」

「**我不需要别人给我掌声来感动我的生命，我的人生永远是主动出声。**」我常常这么鼓励大家。

机会要靠自己来争取。

我在台上演讲时，从学员们手中拿到的名片，都会很珍惜地收好，而且会主动打给对方聊聊问候，绝不是拿了就乱塞乱放。

这种名片管理，就是人脉管理，当你打电话给对方的那一刻，对方必定非常震撼、感动。

我主动发声，主动找机会，也主动给别人机会，也许在有些人看来是有利有弊。但是我现在做事情，几乎都是采逆向思考，众流行中要开创独行，**众行动中要开创感动，你认为没机会的时候**，就越要逆向走，才能看到机会。机会永远是给主动的人，你主动走出去，就会看到机会在那里。

05 我和鸡婆有个约会

你做一件好事，不是为了得到一个掌声或赞美，那并不重要，做这件事能让自己也快乐。

「周老师，我们知道您车开得很好，下周是你演讲，但这周可不可以先请您帮我们载另一位老师回去？」某所学校的活动承办人打来问。

「好啊，没问题！」我一口答应。

结果，约定的当天，那位老师踏出校门，我们互相都吓了一跳—她很惊讶是我来接，我也很惊讶是她来讲。

她是我认识的洪兰老师。

「学校钱那么少，我干嘛要去那里讲？」一些成名的讲师，会这样觉得。在功利的考虑之下，他们通常不愿意接这种学校案子。

但洪老师只问，今天这件事有没有意义、对听众有没有帮助？只要学校辅导老师想听关于两性、亲子教育方面的分享，洪老师都会很高兴的前往，即使她早已名满天下，在这个领域无人不知。李吉仁、林威雄、李港生、洪兰……我发现很多有魅力、能够真正感动人的老师，都是这种傻瓜型的一不计较，想分享，想奉献。

其中有几位，还是我的恩师，在我最苦的时候，都愿意伸出援手，无条件的支持我、鼓励我，让我满怀感恩。

在他们身上，我学会一件足以改变我命运很重要的事一傻瓜般的鸡婆个性。

像我常常会在寿险公司业务讲课的场合，拿到学员们的名片，下课后我常常会一个一个打给他们，想听听他们对今天的课程，是否满意，接到电话的学员都很感动。

有一回，我打过去一听到对方的苦恼，于是问他：「你现在有空吗？老师可以跟你谈谈。」他说好，我就马上下交流道回去找他，连他们经理看了都很惊讶。

我觉得如果只是多花一点时间，就能启发一个年轻人的智慧、让他看见自己的未来，那是种无上的功德。

但我所认识的一百多个老师教授，都是不一样的作法：要单独跟我谈？那就先从钟点费开始谈起吧！

但你有没有想过，当你跟别人不一样，你才会有机会。

世上最好的「不一样」，在于**真诚的助人**。

当你总在埋怨上天总不给你机会的时候，有没有想

过，**当你连给都不想给，老天爷怎么会给你机会？**

真正的赢家永远比别人早想一步，动作也快半拍，包括做好事、交朋友、结善缘，以及分享智慧。

最近演讲中很多人问：「周老师，难道你不怕别人来偷学你车队的服务精神？」

我说，欢迎！我非常欢迎大家来学，不只是台湾运将，我也希望全中国的运将可以来学习，如果大家都能提升服务价值，那就太棒了！

我永远记得今年三月九日到北京的情景。

能代表台湾的运将第一个踏上大陆，我的行李都超载了—因为带了满满热忱，希望可以感动更多人，好像自己的热忱快要满出来似的！

那天在北京机场下机，要坐地铁去拿行李，地铁里面人很挤，车速很快，大家都必须紧握手把。

这时，我看到前面站了两个外国人，其中有个正急着换手机SIM卡，一注意看才发现，他少了两根手指，一般人都很难快速操作，何况是在这种车速、这种人潮中，加上他的手不方便，我真担心他的那SIM卡会掉下来。

结果，真的，卡掉下来了！

我很快凑过去弯腰捡起来，拿给对方，速度快得连外国人都才刚发现卡掉了，于是他用中文向我道谢：「谢谢你！」

我觉得这是举手之劳。

当你愿意这么做，你会觉得很多人都想和你在一起，你会创造一个很大的能量。

你做一件好事，不是为了得到一个掌声或赞美，那并不重要，做这件事能让自己也快乐。

鸡婆没有关系，我知道这么做是对的。

「老师，待会到了演讲场地，不能说小姐，因为北京人认为小姐是在酒店卖的，要说姑娘！」

在前往北京一言堂演讲的路上，出版社的工作人员叮咛我。

「那我就叫他们美女好了！」我觉得说姑娘很怪。

「哈哈哈，还是老师有智慧！」助理开心笑说。

在演讲过程，我和台下的听众们，分享「一块钱的故事」，大家很感动，我发现很多人都红了眼眶。

一块钱就可以感动很多人，记得要**安心、宽心、共信心**。回家后就问父母：爸、妈，有没有什么我能帮你们做的？

隔天我接到主办单位主管传来的短信：「周老师，谢谢你，一块钱的力量好多好大！」

这句话就够了，「一块钱故事」里的女孩，也许欠我一块钱车资，但是你会知道她因为这一块钱而不同，有了更大的价值。

所以，一块钱不只是一块钱，而且当我看着台下一

票人眼眶发红，这种感动可以延续更多，也许一百人、一千、一万，甚至是一亿也说不定呢。

那趟内地演讲，我满载而归。

除了听众的回响给我满满的感动，我的行李箱里也是满的。内地出版社工作人员、新认识的朋友，送好多北京有名的糕点，好重，但好温暖，好开心！

「阿德，来，这一人一半！」回到中正机场，一上来接我的阿德的车，我立刻跟他献宝。

阿德是我的一位同业小老弟，憨憨厚厚的，人很好，但思路总是直直的，上次约他出来，告诉他现在开出租车有危机，因为有高铁，你要去调整他自己，他听了很紧张，也在努力学习，因此我常常跟他们夫妻保持联络，经常鼓励他。

虽然我和阿德非亲非故，但我把他看做是自己弟弟般关心，见到他虽然不够灵巧，进步的很慢，但即使我的鸡婆，能对他产生一点点帮助，我就很开心！

后来我打给阿德太太：「你有吃到我带的北京糕点吗？」

「老师，真的很好吃，我快胖了一公斤。」

哈哈，虽然不好意思，让爱美的阿德太太又胖了，但跟好朋友分享好东西，真的好快乐！

这是我不论今天是晴天还是雨天，遇到贵人还是小人，都能笑口常开的秘方。与你分享！

06 再忙，也要跟你的初衷喝杯咖啡

当你经常去为别人做一件小小的好事，久而久之，热忱就被引发出来了

「师傅，祝你今天生意兴隆。」

到北京演讲，我每次从出租车下车，都会对司机说，他们听了都很开心。

在内地，开出租车是中下阶层感觉的行业，当出租车师傅们知道我也是同业，而且还从台湾飞过来演讲，都很惊讶。

那天，是到一家国营单位演讲—中国化学肥料公司，出发前，公司助理特别提到：「那里的听众，都是高学历、高成就的优秀人才。」

在内地，要进国营单位是非常难，真的都是非常优秀的人，才能进得去。

演讲题目是：服务的热忱。

不知是否因为国营企业的工作压力很大，我上台前

就发现，大家的脸都是紧绷的。

「什么是服务的热忱？就是快乐和价值。」

看着台下绷紧脸，但有着求知若渴眼神的学员们，我说人生不如意时常八九，既然如此，那我们为什么不选那个快乐的一二？

每天起床洗脸，就用毛巾擦掉不快乐，用眼睛看出去的都是快乐，脸上挂着的都是你的笑容，因为笑容永远比香水更香。

一旦少了热忱和价值，你就会觉得自己，只是一个来领每天薪水的小员工，每天都不快乐！

这句开头，似乎感动了他们，台下有人的表情变得柔和，甚至有人听了，嘴笑开始微笑了。

国营单位就是在平安港里，每天很稳定做事情，即使之前面临金融大海啸，他们也没有感受到外面那种压力，这样日复一日，很容易让人忘了初衷和热情是何物。

当你经常去为别人做一件小小的好事，久而久之，热忱就被引发出来了，就像我一到北京机场捡了那个芯片卡，在汽车公司捡到铁钉，这都很震撼啊！明明是他们自己应该做的事，那是和我无关的事，但我做了，心的温度也再次热了，甚至感染了周遭的人。

完全没想到，在内地区区几天的国营企业演讲，竟在网络上引发一笔又一笔很热烈的留言讨论，上万个转贴，令我十分意外。

「我们北京一汽大众4s店，请到了台湾出租车服务达人**周春明**先生，为我们做企业文化培训『感动的服务』，他凭借自己的智慧、苦干，从一名赚得微薄薪水的小人物，发展到成为老板，我代表出租车向您致敬！」其中有一则网络留言这么说。

定下心中的罗盘，欢乐向前

去上「赢家大讲堂」，一位山东美女问我：「老师，为什么一个人做到高位时，还要保持初衷？」

「**一个人在高位，仍然要保持柔软的态度，这态度和未来是非常关键的。**」我说。

问话的人是节目制作副总庄小姐，她这个节目会在中央人民广播电视播放，节目理念是「送人家一条鱼，不如教人家怎么下网捞鱼」，目前上过这节目的台湾人，只有三位：实践家林伟贤老师、节目主持人眭澔平，以及我。

当你愿意保持柔软，你身上就会充满无限的可能。

遇柔则刚，刚再怎么猛，碰到柔，还是没辄。保持柔软，保持开放，保持学习，就能不往不利！

「庄总，你怎么知道，以后的你还是在这个位置？未来三年、五年，你想要在那个位置？你会在哪个位置？你心中的罗盘，若是要那个总经理，那么这五年你会

做什么？**请你想一想，过往向上的动力，然后再复制成功的DNA。**」

庄小姐一听，叹口气说道：「唉，周老师，你真是看透我了。」

「我不是看透你，而是因为我也曾走过你这个位置，所以我才了解。」我说。

这也让我想起，那天到中国化学公司演讲，我跟修莉说的一席话。

修莉是北京万卷出版公司底下分支营销公司的经理，以前是国营企业的高干，所以在公司里负责国营企业推广这一块，所以帮忙把我营销到国营企业去演讲，听说推广完我的书，她又会再回到国营企业去工作。

「老师，很想跟你聊一聊。」她请我签书。

我说，在书上签的，正是我要跟她分享的—

你要把以前的能力用出来，不要用过去的成就，计较现在眼前的种种。

听说修莉以前曾当过副乡长，从副乡长到企业的营销经理，这中间的落差很大，但鼓励她不要老想着以前那一段，我明白她一定有挫折，但是不要再想那些负面的垃圾，而是要回到最初那个初衷，从处境、对的环境、心境，来思考。

「既然当下是在这家公司当营销经理，你就要把现在这里当作你对的环境，放下过去那个你，**今天就是你重**

新开始的第一步，是你的出发点，从这里立下你要的目标。」

我鼓励她，相信有一天，她会很有成就，但在此之前，首先要从这里找到工作的价值和热忱，帮别人一点点，不要去想自己先能得什么。

把自己心胸扩大，宽度就是你的气度，既然过去也曾带领这么多人，相信你自己现在在这里也可以做到。

我不敢说自己现在有多少成就，但我总提醒自己：莫忘初衷！告诉自己去追寻，去思考：我们能为别人做什么？

当我们要立足世界，让大家刮目相看，便要把格局放大，当热情越多，心胸越宽，格局自然会大！

好书推荐

公开7大读心术误区　完全压制客户的7个切入点
本书协助你一步步引导客户进入你的完美布局，达成令人满意的成交结果！

Make it deal!

最顶尖的业务主管都在看这本书

销售的第一步不是取得对方的好感，而是要隐匿好你的动机！

1个关键词洞见对手心思＋20种客户行为语言的判读指标

与客户见面的第一分钟，就决定交易的成败！

内容提要

每次成功就会有一颗失败的种子落下、发芽，面对每一次成功，我们只要开心一天就好，因为成功的过程中必定会有失败的种子在发芽，要赶快拔掉那失败的芽，才能让自己迈向更成功。本书以作者四处讲演的背景为出发，帮助许多人从失败的深渊站起，并且从中整理了29个实用观念，让你在工作跟生活中都能无往不利，提早迈向成功。

责任编辑：于晓菲　栾晓航

著作权合同登记号：01-2011-4482

图书在版编目（CIP）数据

丢脸，是成功的钥匙／周春明著．—北京：知识产权出版社，2011.7

ISBN 978-7-5130-0652-1

Ⅰ．①丢…　Ⅱ．①周…　Ⅲ．①成功心理—通俗读物　Ⅳ．①B848.4-49

中国版本图书馆 CIP 数据核字（2011）第 127863 号

丢脸，是成功的钥匙

DIULIAN SHI CHENGGONG DE YAOSHI

周春明　著

出版发行：知识产权出版社

社　　址：	北京市海淀区马甸南村1号	**邮　　编**：	100088
网　　址：	http://www.ipph.cn	**邮　　箱**：	bjb@cnipr.com
发行电话：	010-82000893 转 0860 / 8101	**传　　真**：	010-82005070 / 82000893
责编电话：	010-82000860 转 8339	**责编邮箱**：	luanxiaohang@cnipr.com
印　　刷：	北京中献拓方科技发展有限公司	**经　　销**：	新华书店及相关销售网点
开　　本：	880mm × 1230mm　1 / 32	**印　　张**：	6
版　　次：	2011 年 7 月第 1 版	**印　　次**：	2011 年 7 月第 1 次印刷
字　　数：	118 千字	**定　　价**：	25.00 元

ISBN 978-7-5130-0652-1/B・039（3560）